OUT OF THE BOX

PUZZLES FOR THINKING CREATIVELY

# 史上最强脑力操② 让人惊呼神奇的创意课

[英] 罗勃·伊斯特维◎著 苏姗 李娟◎译

新世界出版社
NEW WORLD PRESS

# 目录
CONTENTS

## 引言：你是包在盒子里的人吗？

既然拿起这本书，就说明你想拓展思路。也许是要开启一番新事业或学习一种新技术，也许只是要摆脱单调，让生活更加充实。在这儿你会发现：创新思维可以让你的生活大大丰富。不论你的目标是什么，书中的思想和技巧都可以帮助你解放想象力，克服挑战，实现更大的梦想。

要检验思维技巧，先来看看这道题：维多利亚谜。这是用九个点围成的一个正方形（如下图）。要是你以前没见过，现在就看一下：

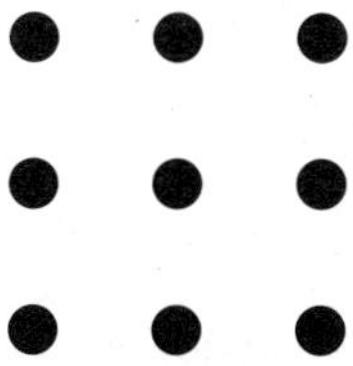

现在要做的是，只用直线将九个点全部连起来，期间笔不能离纸。你能只用四条线就穿过所有点且每点只过一次吗?

你一定能很快找到一种用五条线连接的方法，比如:

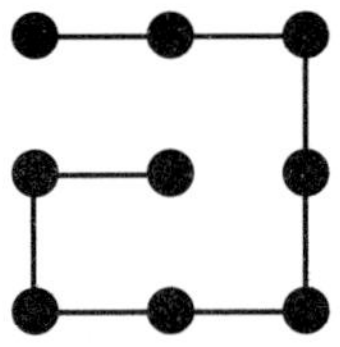

要是你第一次做这道题，就找到了四条线的解法，那你很不凡呐。（经典的四线解法，见第013页）

为什么只有很少人能想出四线解法呢?因为大多数人（包括我自己）第一次解该题时都会默认正方形是界限，认为所有线都不能超出这个范围，于是都被困住了。

大家的这种思考倾向其实挺令人震惊的，但这么想却又非常合理。不按常理思考似乎是效率低下、浪费时间的表现，甚至对有些人来说是非常荒谬的，但在有些时候，这些看似“荒唐”的方法恰恰就是唯一的解决方案。

虽然这个题目现在已经很老套了，我还是觉得它是对“创造性思考”的最佳诠释。大多数时候，我们总是先做一堆假设，把自己用盒子包裹起来，而且都不会意识到自己需要跳出盒子。本书要做的，就是让你学会跳出盒子思考，学会不按常理“出牌”。

### 创造力难道不是只有少数人才有的天赋吗？

在挑战更有创造力的思维之前，你可能会听到小声的怀疑：真的能行吗？也许你压根儿就不是个有创造力的家伙。创造力难道不是只有少数人才有的天赋吗？

下面让我们来揭开创造力的伪面纱。有些人会把人分为“有创造力”或“无创造力”两种，这跟将人分成“运动型”或“非运动型”一样没有意义。在如今我们生活的时代，你甚至会看到成千上万普通人参加城市马拉松，相信每个人都不会否认运动能力的普遍性。只要假以时日练习，每个人，不论能力高下，都会有所进步。创新思维也是同样道理，每个人都可以学会跳出盒子思考——这根本不需要任何神奇魔力。

### “为什么我去不了月球”

每个人与生俱来都有创造力。还是小孩子时，我们总是会试探着挑战一切："为什么就得上学？""怎么就不能熬夜？""为什么我去不了月球？"

社会、学校和工作的重重束缚扼杀了我们的创造力。老师们总是告诉我们要按逻辑找出正确答案，否定臆想出的错误答案，不提倡越出常规。相信大多数人都有过这样的经历：自己鼓起勇气提出一个想法，不料却迎来一通打击，"不行，肯定不行"，"切！你 OUT 了，我们早试过了。"毫无疑问，在这个快节奏浮躁的时代里，许多人就算愿意，也会感觉自己没时间寻找创意了。希望读过本书后你会相信，从日常杂务中抽点时间追逐一下梦想还是值得的，也希望它能帮你找到释放自己才能的信心和方式。

无论你有什么梦想，本书中的贴士和技巧都会对你有所助益。但我要指出的是：不是每种技巧都适用于任何情况——别的创新思维书籍通常不会告诉你这个。举一个极端的例子：如果你想要给一则新闻报道起个标题，找群人头脑风暴一会儿可能就出来了，但如果你要写本小说，那就得需要更个人化的灵感激发方式了。据我所知，查尔斯•狄更斯（Charles Dickens，19 世纪英国小说家，代表作者《雾都孤儿》《艰难时世》等）

可没有找堆人坐一圈儿，展开一张纸，然后宣布："好，我们来想第一章。"

"以其终不自为大，故能成其大。"

——老子（公元前6世纪）

第010页：这是九点连线的经典解法：

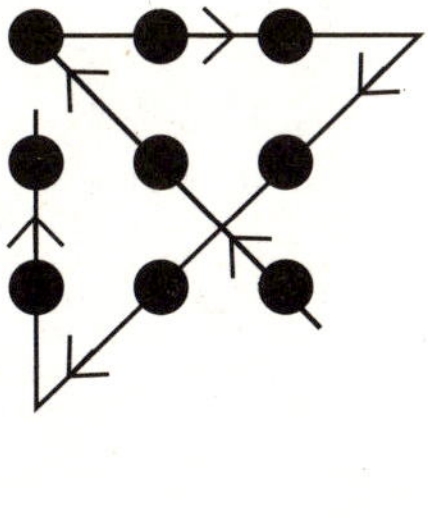

# 第一章

# 说白了，到底什么是创造力？

游泳池之谜

先看看创造力不是什么

“创新者”是什么样子？

测试题：你的创造能力有多强？

**游泳池之谜：**

罗宾逊的花园里有一个正方形游泳池，泳池四角有四棵树。他想要将泳池扩大一倍，仍保持正方形，但是不能砍掉树。该怎么解决呢?

人们通常给出的创意方案有：

- 把树当小岛，围着树扩挖。
- 把泳池再挖深一倍。
- 建一个带滑梯的双层泳池。

这些主意都不错，但你还有更简单的办法吗?

提示：有时你只需要换个角度看问题（答案见第 19 页）。

要想充分发挥创造力，就要既了解自己的才能，又要注意任何可能桎梏你思维的习惯。换句话说，在“跳出盒子”思考之前，你必须先知道自己的“盒子”是什么。

本章开头是一些轻松的小练习。这些游戏意在娱乐，但也会让你看到新的可能性，鼓励你思考自己还有哪些没被发掘的创造力。本章结尾会就“如何以最佳方式运用创造力”提供一些指导。

## 先看看创造力不是什么

想要弄明白创造力究竟是什么，我们不妨先来看看创造力不是什么。

束缚创造力的各种桎梏就像一个个密不透风的盒子。想要从盒子中出来，首先想想自己在里边是什么感觉。下面的练习就诠释了各种“盒内”的思考习惯。一旦你发现自己从小到大一直在被这些习惯所“毒害”，肯定会大吃一惊的。请务必记住，不是你一个人——大多数人都遇到了同样的问题。

## Z 的后面是什么？

如果 **ABC** → **ABD**，那么 **XYZ** →？

往下读之前，先想一个答案。

如果你想的是 XYA，那你和大多数人的想法一样：时钟走过 12 点后，就会回到 1。许多人用的是同一种字母顺序模式：到了 Z 后，就该回到 A。这个答案一点儿没错，但却不是唯一。

其他答案还包括：XY1，XY 空格，XYD，WYZ，XYAA。有些答案可能会让你匪夷所思，特别是 XYAA。怎么会想到再加一个字母呢？

可问题是，想到 XYAA 的那位女士觉得答案是"明摆着的"。她每天都在用 spreadsheet 电子表格，在 spreadsheet 中，列是按照字母 A — Z，AA — AZ……的顺序排列的，所以 Z 后当然是 AA。当我提出 XYA 时，她说"咦，这个很好啊，谁想到的？"你可能没想到她的答案，但她也没想到你的。有时一个新想法只是需要一种不同的经历而已。

## 特"二"的选项

在电视上的智力竞赛节目中，选手们经常会遇到各种选择题。有时选起来很容易，这时问题通常是“三选一”，有个选项明显是对的，另一个稍加思考就知道是错的，还有一个是特“二”的——该答案太离谱，一看就是对智商的侮辱，但有时最愚蠢的答案却恰恰是正确的，比如下面这个问题：

美国第一个自选超市叫什么名字?

- 西夫韦（Safeway）
- 喜福购（Safe-buy）
- 小猪扭扭（Piggly Wiggly）

事实上，成立于1916年的小猪扭扭，是美国第一家自助服务超市，在整个美国南部和中西部知名度都非常高。创办者说他当时之所以选这个名字，就是因为它听起来傻傻的。人们只要听一遍“小猪扭扭”这个词，就一定不会忘记。

**不着边儿的名字**

有许多名字第一次听够傻的，但再想想又很合理，因为它们容易记。比如说有些人给公司取名亚马逊

（Amazon，跟书有啥关系？）、雷克萨斯（Lexus，生造词，但怎么会让人迅速联想到“车”？）和苹果（Apple，能吃的电脑？）时，可能都犹豫过，但现在这些名字已经家喻户晓。

**镜中奇事**

你一生会照多少次镜子？或许几千次吧。有了这个经验，下面的题目就应该不成问题了。

假设你站在一面竖镜前（比如浴室柜门上的镜子），离得很近时，你可以看到自己的肚脐。问题是，如果退后几尺，你可以看到多少呢？答案：（a）更多部分，（b）同样多，（c）更少部分。

大多数人都确信答案是（a），但实际不是，答案是（b）：向后退几尺，仍然只能看到肚脐。要是你不相信也没关系，现在找身边的镜子，亲自验证一下。

为什么会错？可能因为镜子通常都稍稍向下斜一点儿，所以在你向后退时的确可以看到多一点自己。一旦镜子被竖直放，情况就不一样了。

## 违章开车

美国所有城市的交叉路口上，都有着明文规定：在有步行者横过马路时，所有的车辆必须停在人行道前等候。可一位穿着红色上衣的汽车司机，竟然在人行道上还有很多人横穿马路时撞进了人群，并全速前行，更加让人吃惊的是：马路旁边的警察竟对此熟视无睹！这究竟是怎么回事儿？

常见的惯性思维者总会认为：红色上衣的汽车司机将车开进了人群，而警察却不管不顾，不过题目中并未说红色上衣的汽车司机是开着车闯进人群的。警察之所以熟视无睹，就是因为这位汽车司机是步行进入人群然后全速前行的。

面对新问题时，人们自然会搜寻以前遇到过的类似情况。虽然你现在面临的问题在某些方面与之前遇到的问题相似，但只要有些许差异，答案就会截然不同。

## 给创新画一幅速画像

哲学家阿瑟•凯斯特勒（Arthur Koestler）曾把创新描绘成三种形象：艺术、发现和幽默。有人则提出了更为简练的表达方式：

创新是："啊？""啊哈！"和"哈哈！"

要是每次非等偷瞄了一眼答案后才"啊哈！"，你就会觉得自己很受挫。别灰心，你不是一个人。事实上，很少有人能凭意志唤起"啊哈！"时刻，但只要反复练习，这种时刻就一定会多起来。用大发明家托马斯•爱迪生的话说："天才就是1%的灵感加99%的汗水。"切记：这些灵感时刻会让人心旷神怡，的确值得期待。

"做大门的开启者。"

——拉尔夫•瓦尔多•爱默生（Ralph Waldo Emerson，美国文学家，1803-1882）

## “创新者”是什么样子？

创新可不是世界著名的艺术家和诺贝尔奖得主独有的天分。想想你的亲戚朋友：他们有什么天分？有些人可能拥有某种特殊才能，而另一些人也在日常生活中体现着其天才的一面。同样，你也能在自己身上发现创新的种子。

创新有各种形式。想想几个平时被你描述为“比较有办法”的熟人，发现每个人的天分和态度：他们肯定都有迥异于别人的特征，总结出自己的定义。下面是我列出的几个：

*汤姆（Tom）——建筑师*

每次让汤姆接手一个项目，他总是有许多想法，而且还能很快地把问题解决得干净利索。

*劳里（Laurie）——公关主管*

她看世界的方式与很多人都不同，总是能找到独特的角度。在工作中，她也有种敏捷的幽默感，常常能激发出新的思想火花。

理查得（Richard）——作曲家

他对生活有着和创作音乐一样的热情。每次一告诉他某个新想法，他就能立刻看到其他可能性。

凯莉（Kelly）——厨师（兼职）

只要跟她简单一说，她就能做出你想要的，而且还会有别致的附属品。她是个完美主义者，做事总是精益求精。

### 创新者们有哪些共同特征？

上面列出的每个人都集技术和想法于一身。从他们身上，我们可以大致总结出一些创新者的特征，具体如下：

· 总是能想出许多点子

· 可以本能地断定出哪些想法行得通，哪些行不通

· 总是喜欢以不同于常人的方式解决问题

· 敢于挑战一切

· 对别人提出的想法进行扩展，而不是直接否决

· 总是被创新欲望驱动

· 从不会长时间被任何问题困住

· 总是能一眼看出明显无关的二者间的联系

· 喜欢不断改进想法，直至完善

记住，任何人都不太可能时时刻刻具备所有这些特征。如果汤姆和劳里换换工作，他们的创造力也许根本就显现不出来。

现在想想自己：你有什么创新特征？弱点在哪里？选对时机，你的创造力就会显现出来。意识到自己的不足，就容易判断该在哪里下工夫了。

### 你的创造欲有多强烈？

怎么判断自己更有创造力了？

也许你会单凭是否有成果来评判。造个壶或组装起一件家具，都可能是将你从“盒子”里解放出来的关键——但通常到达这一步更像是一段艰难跋涉而非一连串灵感迸发。

对有些人来说，创新就是“做不同的事”，“做与以往不一样的事”，或是“创造出别人从未想到的东西，比如一幅独特的画或一首新曲子”。

如果令你激动的创新是实验和发现本身，那你有一大堆同道中人。莱奥纳多•达芬奇就以擅长提出想法却拙于实现而著称。他主要的创造乐趣似乎在于探索新理念，他那本充满从自行车到战争机械等一切草图的日记就是典型例证。

## 创造力究竟是什么？

人们评判一个活动是否有创造力一般有三个标准，可以称为“创造力 3P”：

- Product“成果”（“这幅画真的非常独特”）。
- Process“过程”（“她这一路克服了这么多障碍”）。
- Person“人”（“之所以创新，因为是约翰•列侬写的”）。

如果让人们举出一件自己做过的有创意的事，相信大多数人都会皱眉——因为多数人的工作中并没有机会做出什么与众不同的东西。

其实，人和创新之间的假想联系可成为一种自我实现预言。当一些人被贴上“创新”的标签后，他们所做的每一件事都会被视为有创意（想想毕加索、达芬奇和莫扎特）。或许标着“无创意”的人也有类似想法，但其才华却被淹没了。

对许多人来说，创新最重要的就是过程，或在创造的过程中解决问题。如果你决定制作一把椅子，就会想一大堆创意：外观要怎么样、怎么找材料、怎么把材料组合起来……其实，出来的成果和上千把其他椅子没什么两样，别人也未必因此对你的创造力有所改观，但你也许在制作过程中已经打破了许多束缚着你的框子。

“天才只不过是一种以非惯常方式感知事物的才能。”

——威廉·詹姆斯（William James，美国心理学家，1842–1910）

## 测试题：你的创造能力有多强?

创造力，一直是人类特有的一种综合性能力。这种能力主要体现在是否善于运用新的方法和步骤去研究和解决问题。一般来说，具有高创造能力的人，总有一些让普通人感到不可思议的特殊行为，而这些特殊行为恰好就是这种能力的最佳体现，所以，一个人创造力的高低，也是区分他是一流人才还是三流人才的关键标志。

想要更加深入地了解自身的创造能力，或寻找提高自身创造能力的方法和途径，你可以从下面的测试题目入手。

请根据自身情况在每题后面写上“是”或“否”。

【测试题目】

1. 你总是特别在意别人对你的评价，并为此耿耿于怀?

2. 当你认真去做某件事情的时候，经常会忘记时间的存在?

3. 你从来都不屑去做那种自寻烦恼的事情?

4. 在你看来，依靠经验、循规蹈矩并非是最为有效的解决办法?

5. 你在评价某篇文章时，最在意的不是它本身的内容，而是它的来历?

6. 即便面临巨大的困境和挫折，你也从未对自己的事业产生过怀疑和动摇?

7. 对于那些没有报酬的事情，你会从内心感到无比的厌烦和抵触?

8. 在遇到问题时，你总是善于从多方面去考虑，从不拘泥于一条思路?

9. 解决问题时，你会重点关心“是什么”，而非“可能是什么”?

10. 即便是非常熟悉的东西，你也经常会用陌生的眼光去审视和探究?

11. 你总觉得企图把事情做到完美是种很不明智的表现?

12. 你觉得最愉快的事情，就是深入研究某个问题?

13. 你从来都不善于从别人失败的结局中发现问题，并吸取经验和教训?

14. 你的好奇心很强，总对周围的事物产生兴趣，而且一旦深入就很难放弃?

15. 生活中，你是一个标准的独行侠，从来不愿跟别人搅在一起做事？

16. 在你看来，提出更好的新建议，要比说服对方接受目前的建议更重要？

17. 在与朋友产生争执时，你总会因为不想使对方难堪而放弃自己的观点？

18. 你总是热衷于做各种事情，每当事情完成后，你便会产生很大的成就感与兴奋感？

19. 你从来都不认为灵感可以帮助你获得更多成功？

20. 你总是觉得自身有无尽的潜能可挖？

【计分方法】

共 20 个测试题，每题 2 分，共 40 分。凡在单号题 1、3、5……19 答“是”的得 0 分，答“否”的得 2 分；在双号题 2、4、6……20 答“是”的得 2 分，答“否”的得 0 分。

【测试结果】

28~40 分：你有很强的创造力。从测试情况来看，你具备很多与众不同的个性心理特征，不仅能够灵活深刻、有条不紊地思考问题，还能将思考的结果实现出来，这是一项很大的优势。如果目前你已经有所成就，就需要戒骄戒躁；如果你仍旧在奋斗期的话，也不用过于焦虑，努力保持这种状态，很快便会脱颖而出。

16~26分：你的创造力一般。你总习惯性地采用现有的方法和思路去考虑和处理问题。这种做法虽然比较稳妥，却难有大的突破和发展。要知道：思维的灵活程度决定着创造能力的强弱，所以，不妨给自己安排一些能够训练思维灵活度的项目，这样才更有利于提升创造能力。

14分以下：你的创造能力较弱。生活中，你是个比较缺乏趣味和魅力的人，解决工作上的问题时，思维也不够灵活。不过不用沮丧，在比较熟悉的工作中有意锻炼自己的思维能力，也会有不小的收获。

**游泳池之谜答案：**

如果把正方形旋转 45 度，就可以在不砍掉四棵树的情况下将游泳池增大一倍面积。

第二章

# 你的创造力被什么堵住了？

如果天空是绿色的会怎么样？

是什么堵住了创造力的泉眼？

牢骚和提问有什么区别？

当心专家！

向孩子借一双眼睛

不可过早定论

测试题：你的想象力有多强？

**如果天空是绿色的会怎么样?**

把你的设想写在第 41 页。尽情发挥想象力吧，答案越疯狂才越有趣!

创新思考需要有想法，也同样需要乐观和开放的心态。正如乐观主义者视半杯水为半满而非半空一样，创新思维者会用积极的态度完成计划、迎接挑战。他们会将注意力集中在“能做什么”和“怎样避免问题或疑惑阻挡进程”上。有创造力的人会突然跳到未知领域，而不是粘在自己的“舒适地带”。

想想看，你现在离创新思考者还有多远？怎样改变态度才能让自己更有创造力地思考？本章会介绍一些人在接受新观点时可能遇到的障碍，并提供一些能帮助你应对不同情况的方法。

## 是什么堵住了创造力的泉眼？

一些创新思维的障碍可能来自你周边的环境，包括物理的环境，也包括生活中的人，但更主要的可能是你个人的障碍，如缺乏自信和时间安排不当等。

下面列出了一些创造力受到局限的最常见原因。你有共鸣吗？还有什么其他因素阻碍着你？

### “我没想法儿”

这是最常见的创新障碍。人们经常因为自己的想法欠缺独创性或不实际而干脆放弃。如果从事某项工作要遵循严格的规则和程序，不允许有一丝差错，那工作者就更不能有别的想法。确实，有些人比别人更善于想出创意，但只要你想了，就一定会有想法。别拿自己和创新天才们比：从自己的实际情况出发。

### “别人会怎么想？”

我们与众不同时，都会感到焦虑，担心别人会不会认为我们在捣乱、自不量力或发疯。但是，说实话，别人的看法是他们的问题，不是你的。一定要从值得信任的朋友那里探探口风，看他们是怎么看你的想法的，但这么做是为自己，而不是为别人。创新有时是一条偏僻的路，而不是无数人先你一步踩过的路。

### “我没时间”

这是障碍，还是借口？如果你真的重视一件事，是可以挤出时间的。第五章会就“抽出多余时间”给一些建议。无论如何，没时间不见得就一定是坏事，有时，反而能给你带来灵感。

时间紧任务重时，你就没时间想障碍了。这就是为什么即兴喜剧通常比准备了几个月的剧本喜剧要搞笑的原因之一。

**“如果出错怎么办？”**

担心出错有两种原因：第一是这错误可能对你或别人造成大的损失。要是这样，你当然要想清楚后果，但也不能立即就否定了自己的想法。第二是名声受损。（我还记得自己一次K歌时的尝试，哎，再让我试一次可没门！）别让这个原因阻挡你：许多伟大的思想家都有一个共同特点，就是无论出多大的糗仍能坚持继续努力。

“没有失败的实验，只有未得到预期结果的实验。”

——巴克敏斯特•富勒（Buckminster Fuller，美国建筑学家，发明家，1895-1983）

## 牢骚和提问有什么区别？

即使最乐观的人也会偶尔发发牢骚："为什么总找不到停车的地方？""电视里怎么就有这么多广告？""为什么房间里总这么乱？"但就是这些牢骚，堵住了源源不绝冒出新点子的"泉眼"。

首先，要区别牢骚和问题的不同。牢骚一般是对无法控制的事情发出的抱怨，感觉上似乎出了口气，但别天真地认为这能改善状况。事实上，有时人们就爱抱怨，我更倾向于称之为发牢骚，他们把责任归咎到别人身上，而自己却没意愿要挽回或更正。

问题则是一种你能干预并想要改变的情况。无论问题多大或多复杂，都应该要看看自己能做些什么。

### 试着改变方法

提升创造力的重要一步是"再构造"，也就是变换角度看待生活中的挑战，把这些事情从不见成效的抱怨或牢骚变成可以下手解决的问题。

下次面临困难时，老实观察自己的反应。注意那些"不公平！”或“是他们的错！”之类的论断。责怪别人或一味地埋怨生活，是不会有任何帮助的，你应该以“怎么会……？”的方式进行思考。下表中阐释了一些例子。

| 牢骚 | 问题 |
|---|---|
| “为什么他们不能解决那个复印机的噪音问题？” | “如何找到复印机的负责人呢？” |
| “这个路口的交通老是这么差！” | “怎么能换条路线到达目的地？” |
| “这里的快餐太难吃了！” | “怎么能建议相关方改善我们的快餐呢？”（或“明天自己带饭？”） |
| “老婆 / 老公 / 伙伴不理解我。” | “怎么能从他 / 她的角度看问题？”或“我该做什么来让他 / 她改观？” |

这里很关键的部分是对自己的情况负责。要从“为什么他们不管？”转变到“我能做什么？”，这种态度有助于发掘你内心更深层的动力：真的是想解决一个问题，还是仅仅想找个不干活而又能摆脱责任的借口呢？

“最爱发牢骚的人，就是最没有能力反抗，最不会或不愿工作的人。”

——马克西姆·高尔基（Maksim Gorky，前苏联作家，1868–1936）

**当心专家!**

世界需要专家。没有能编译DNA的科学家或对付逃税的律师，我们的生活不知会变成什么样子，但是，就是某些自视为专家的家伙阻止我们跳出“盒子思维”！我们蹲在“盒子”里冥思苦想，却不知道外面新鲜的风景才更有助于发现新创意。

我对专家的定义有点小愤青：专家是能以各种理由指出一个新想法行不通的人。下面导致重大损失的论断，一般都是专家做出的：

“谁会想听演员们喋喋不休地说话呢？”H.M.华纳（H.M. Warner）对有声电影嗤之以鼻，1927年

“吉他乐队要过时了。”德佳录音公司（Decca Recording Co）拒绝了披头士乐队（the Beatles），1962年

你是否在谈论酒、园艺或其他特别熟知的事物时摆出一副“专家”的样子？你是怎么向人们卖弄学问的？

许多时候，你可能这样评论别人的想法：“这个不行的，因为……”或“别人1986年时就试过了……”虽然，如此展

示自己的专长会增强自信，但在扼杀创意方面却百发百中。

“每一个专家都有一个与之大小相等、方向相反的反专家。”

——佚名

## 向孩子借一双眼睛

成人经常过分关注大家怎么想和怎么说，而忽略了自己真正的想法。小孩子却有着最诚实的态度，把更多精力用到让他们激动的新事物上。

据说人生有三个阶段：

0 到 4 岁是“为什么不？”阶段

5 到 11 岁是“为什么？”阶段

12 岁之后是“因为”阶段

教育系统和青少年期的社会经验联合起来，把我们变成了理性、守规矩的人，只找正确答案，而无视有趣的答案。我们变成了“因为”人士，与前面所述的“专家”相似。

要创新，就要回顾一些童年的行为。当然，你要像孩子般好奇，而不是幼稚。我可没让你乱发脾气，要求大人给你买冰淇淋或在别人摔倒时大笑。我说的“孩子般”的行为是指对世界的好奇心和探索欲，要问出那些“为什么？”和“为什么不？”的问题。

儿童观察世界有着非常新鲜的角度，这就是他们有新意的一个原因。在寻找一种应对复杂情形的新方法时，想一下你会如何说给一个小孩儿听。你会用什么图片来阐释？怎么解释他才能明白？怎么把难题变成故事讲出来?

### 召集“儿童顾问团”

我有时会给高管们做个小练习，告诉他们即将要见一些极富创新见解的顾问们。我告诉他们，这些顾问非常擅于运用想象力，非常热衷于探索和实验，会毫不迟疑地给出自己的全新想法，来解决世界的问题。

接着，“顾问们”走进房间，他们是一群七岁的孩子们，当然啦，每个高管都要给孩子们解释自己的工作和想要解决的问题，然后由孩子们来出主意，或者用画画儿来解决问题。

孩子们的想法可能会天真和简单化，却恰恰是对某些高管造成巨大冲击之处。有时，我们需要一个孩子来指出成人们所无法或不愿看到的现实。

最重要的是：经常寄生于成人生活中的术语，在孩子们这里不好使，必须还原到简单平直的语言。这个过程本身就可以帮助大人整理思绪，让真正的问题凸显出来。

## 把问题简化再简化

若找不到可以咨询的儿童顾问，不妨试试下面的方法，这些都旨在简化问题以更接近精髓。

用一段话将问题写下来，然后将这段话简化成十个词以内的句子，再缩减到三个词，最终挑战是要把问题减至一个词。

向一个完全不知情的人说明问题，然后让他把问题回述给你，他的版本肯定要更简单。如果他理解错了，把误解的部分解释给他，然后再让他讲一遍。

用图表或图片（或从网站或杂志上剪切粘贴的形象）把问题画出来，加上五个词以内的标签或注解。图像能以一种非常简明的方式阐释复杂的想法。

别只专注于问题。想象解决方法会是什么，用十个词表达出来。如果能发现合适的方案，那明确问题就更容易了。

“最强有力的诗魂是我们的童心。”

——佚名

## 不可过早定论

下次有人问起你对一个新主意的看法时，注意自己的即时反应：你是不是会说些“不会吧，因为……”或“啊，你不知道……”之类的话？这样的回答是本能的，但却会一棒子打坏整个创意。

为什么我们更易有消极回应呢？有时，我们是一片好意，不想让对方浪费时间和精力，但有时也可能是出于以下原因：

· 我们从小到大都要找正确答案。看到不完美的想法时，觉得有义务指出其中的错误。

· 新主意有威胁性。这些主意的存在会让我们觉得自己的工作做得不对或需要做出改变。

· 因为主意不是“自家”的而歧视。通常只有“我们自己”的主意似乎才最好。

创新界大师丹尼斯•舍伍德（Dennis Sherwood）把这种消极反应叫做“过早定论”，年轻强势的男性尤其容易出现这样的问题！

评价很重要，但过早下定论不只浇熄了别人的创新火花，还妨碍自己看到新的可能性。每当我们听到新想法时，先停顿，花时间想想，然后找出好的方面。

“一旦你从熟悉的山谷中走出来，就会发现一些非常有趣的地方。”

——丹尼斯•舍伍德（Dennis Sherwood，美国创新界大师）

## 测试题：你的想象力有多强？

阿尔伯特•爱因斯坦曾经说过：“想象力比知识更重要，因为知识是有限的，而想象力概括世界的一切，并且是知识进化的源泉。严格地说，想象力是科学研究中的实在因素。”

要想拥有更多的创造力，就必须拥有想象力的基础，因为想象力是创新能力中最为活跃的因素。

那么，我们又是否了解自身的想象力呢？

请根据下列选项所描述的情形，结合自身情况，在每题后面写上“是”或“否”。请注意：不要再三揣摩题目的答案，因为没有正确答案，只有最符合自己的情形。

【测试题目】

1. 外出郊游时，你总是喜欢选择不同的地方？

2. 每次到一个新地方时，你总会想象如果自己居住在这里会是什么情景？

3. 你是否经常因为想出好的点子而受到上司或朋友的夸奖？

4. 你在向别人讲述某个经历时，总会故意夸大事实，以便吸引对方？

5. 在与陌生人交谈之前，你总能想象出自己会怎样与其沟通？

6. 无聊时，你会选择做些拼图游戏？

7. 你总喜欢想象一些不会发生在自己身上的事情？

8. 你喜欢幻想，并在幻想的时候能够虚构出很多复杂的情节？

9. 约定的时间到了，而对方仍没有来时，你总担心他出了什么事情？

10. 你总喜欢把歌词改成自己编写的歌词？

11. 在看小说时，你总会把自己想象成其中的某个人物？

12. 在闲暇时，你会经常回忆别人与自己聊过的事情？

13. 在电影院或剧院看演出时，总能因剧情的变化而高兴或悲伤？

14. 你在得知了自己即将签约购买的房子里曾经发生过凶杀案，便立即放弃购买？

15. 如果视觉意象比较强烈的话，总会有助于你思考问题？

16. 你在讲谎话骗人时，经常能够让对方信服？

17. 同别人发生争执时，你总会想象对方是怎么考虑这个问题的?

18. 你总会想象自己的未来?

19. 你总想去做些别人没有想到的事情?

20. 你总喜欢琢磨自己所看到的一些新奇东西?

21. 当上司一脸恼火地进入办公室时，你总会想象他为什么这样?

22. 在看到某个新事物时，你感觉它与你了解的某个东西相似?

23. 你总喜欢把自己想象成为艺术家、音乐家或诗人?

【计分方法】

每题答“是”记1分，答“否”不记分。

【测试结果】

0 ~ 8分：说明你是个比较实际的人，想象力不是很好，似乎对天马行空的事情毫无兴趣，总觉得那好似白日做梦。然而，要想做出更好的成绩、调节精神、愉悦身心等，就必须要注意加强自身的想象力训练。

9 ~ 17分：你具备一定的想象能力，也经常能够从别人的角度和立场上考虑问题，却总认为这只是一种空想，于是尽力去避免这种现象发生。适当地增加想象力训练，可以有效增强自身的心理承受能力，提升自己的心理状态。

18分以上：你是个想象力非常丰富的人，而且具有很强的艺术天赋，不过需要注意的是：千万别因为想象力过于丰富而对外界事物过度敏感。

## 如果天空是绿色的会怎么样？

大海也会变成绿色！

空军制服的颜色要改变了。

鸟儿会不会非常迷惑？

从太空看到的地球像只青苹果。

夜晚的天空就是丝绒一般的墨绿色了！

如果天空每天换一种颜色，岂不是更美？

你的设想会更有创意！

# 第三章

# 思维不设限，创意无极限

三线就能解决九点连线题？

多问"为什么"？

修辞是个很强大的工具

用词语碰撞出火花

"如果"游戏，越疯狂越有趣

如果可以穿越到终点……

假如你和上司互换身份……

巧解电梯难题

走不通？反过来试试！

试试你的横向思维能力

测试题：你的思维能力有多强？

## 三线就能解决九点连线题?

本书引言部分第 009 页有一个九点连线题，是要用四条直线连接起所有点而笔不离纸。事实上，这道题用三条直线也能解决——而且解法有不只一种。你能在不违反要求的前提下找到这样的线吗？（参考解法请见第 88 页）

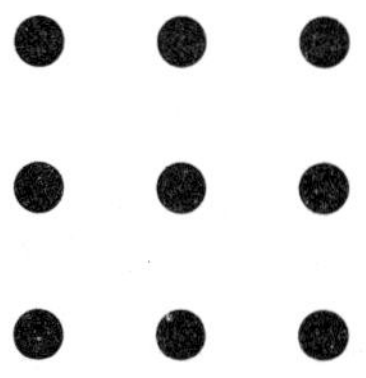

创造能力不太强的人，总幻想着能剖开创意达人们的脑袋看一看：那里面究竟装了什么？是什么装置在源源不断地喷射着稀奇古怪的新点子？如果能搞清楚他们的思维模式，也就是这个“新点子发生装置”的工作原理，那自己岂不是也能成为像他们一样的创意达人？可惜的是：真正的创意高手们脑袋里什么都有，偏偏没有一个叫做“思维模式”的玩意儿。正因为他们从不为自己的思维设限，创意才能不断涌现。不过，思维模式虽然没有，可打破思维模式的方法倒是有几个。

## 多问“为什么？”

在前面的部分我们了解了孩子们对世界的反应。他们最喜欢提的问题之一就是“为什么”，一遍一遍，不厌其烦。这么做同样也会促进你的横向思维能力。类似的基本问题还有“谁”和“什么”，也能帮你开拓和提炼想法。

没人限制你只能问一次“为什么”。你可以一直问，直到问出问题的根源。这种“为什么？为什么？”方法是公司里很受欢迎的解题之道。

我印象中有一件事，正好可以印证我们多么容易陷于问题的琐碎之中，而跳出困境原来是多么简单。一次，我所在的团队负责组织一个教师会议，必须确定一个日期。本来我们想要定在复活节前的周五到周一，但有人担心最后一天参加的人会太少。

虽然我们最后终于做了决定，但花了很大工夫。如果开始时就用“为什么？为什么？”方法，问题就简单多了。

找出增加最后一天会议出席率的方法。

为什么？

因为多数我们联系过的人都说那天来不了。

为什么？

因为是周一，老师们有课。

为什么会议非要在周一结束？

因为会议要开四天，需要包含一个周末。

这个过程可以再持续好几个阶段，每个“因为”都能激发一个想法。事实上，解决方案就出现在第三个为什么：“为什么非要在周一结束”，所以，我们只需要把会议从以前的周五到周一改成周四到周日就可以了。和许多“跳出盒子”的解法一样，事后这个答案那么显而易见，但当你专注于细节小事时，这样的方法就像是灵光乍现一般新鲜。

**谁、什么、哪里、何时和如何？**

问“为什么？(why)”是展开问题的一种方法。另外五个问题——“谁？(who)”“什么？(what)”“哪里？(where)”“何时？(when)”和“如何？(how)”——既是帮你深入了解实际情况，同样也会促进你的横向思维，产生更进一步的想法。这些简单的问题都能把相关疑难呈现出来，而描述每个方面本身也经常会带来不同的切入点。

下面的方框中给出了每种问题的一些例子，解释了它们如何呈现出问题的不同特殊面。如在多数例子中所见，主要的问题很容易继续引发关联问题，最终指出新主意和可能产生答案的方向。

| | |
|---|---|
| 谁 | 问题都涉及了谁? |
| | 我能不能找别人? |
| 什么 | 问题是什么? |
| | 阻碍我的都是什么限制? |
| | 什么物品或主意是不用也行的? |
| | 还有什么别的可以用? |
| 哪里 | 计划在哪里解决问题? |
| | 为什么不能在别处做这件事? |
| 何时 | 计划在何时解决问题? |
| | 为什么不能早点或晚点再做这件事? |
| 如何 | 我将如何处理? |
| | 怎么能想出别的办法? |

“我有六个忠实的仆人（我所知道的一切都是他们教的），他们的名字分别叫做什么、为什么、何时、如何、哪里和谁。”

——鲁德亚德•吉卜林（Rudyard Kipling，英国小说家，诗人，1865-1936）

## 修辞是个很强大的工具

我们的语言自从有了修辞手法，真是增色不少。形容一件事物，我们可以用明喻、类比等。找到一种合适的表达法来描述你所面临的任务或问题，你就可以描绘出一幅更生动的图景。也许它可以更容易地打开你的新思路，引出一种新想法。

修辞手法，有像华兹华斯（Wordsworth）的“我像一朵云一般孤独地漂移”这种高雅的，也有像荷马•辛普森（Homer Simpson）的“不淘气的男孩就像没有液体球心的保龄球一样”这类不着调的。描述你的情况，从名言到自创，统统可以用。

比如：想办法让孩子做家务。你可以这样开始：“让他们做家务的感觉是什么样的？”你可能有熟悉的类比：

- “就像拔牙一样！”
- “就像在糖浆中跋涉一样！”
- “就像要把水推上山一样！”

每一个类比都描绘出一幅带有纠结和失败的清晰图画，和别人交流想法时，这会非常有用。你也可以再进一步，让他们帮你想解决的办法。

### “像拔牙一样”

牙被用力牵引着，伴着抗议的嘶吼，却丝毫不见动静。牙医会怎么处理这个问题呢？他（她）可能会注射麻醉剂，这样病人就不会感觉到疼痛了。或许你可以通过把家务变成有意义的游戏来给孩子们“麻醉”，这样他们就不会觉得枯燥。

### “像在糖浆中跋涉一样”

进展缓慢，而且阻力重重。动员孩子们做家务有“低耗能”的方法吗，比如平静地讲理而不是大吼？请孩子们帮忙收拾家里公共区，但放纵他们尽情糟蹋卧室？不，更为狡猾的计划也许是从他们的弱势下手，例如：如果他们想要额外的零花钱，你可以付费让他们做家务。

### “像要把水推上山一样”

根本就无法前进，孩子们不断地回到原点。怎么能把水推上山呢？一个办法是把它吸到防漏装置或系统中，这样水就不会跑到别处了。同样地，为防止孩子们的注意力分散，你就得消除令他们分神的源头，这样他们就能专注于手头的任务了。

你可以尝试把各种修辞手法用于你的问题之中，找些另类的说法，比如“就像要在海中挖洞一样！”或自己创造些更有趣更好玩的。

“创造者才是真正的享受者。”

——罗杰•福尔克（Roger Falk，英国管理学家）

## 用词语碰撞出火花

“点燃”想象力的另一种方法是在现有思绪中加入完全不着边儿的词。随机的词会让思维集中于新事物。另外，随机用词会让你想出雷人或疯癫的主意，有益于释放压力，所以你不见得非要找到一个“正确可行”的答案。

随机选一个词儿。翻开字典，选择看到的第一个名词，就完成任务。比如，你正在努力想没油圆珠笔的用途（第 169 页的例子），可能从字典中随机地选到了“发型”一词。那怎么把“发型”和没油的笔联系起来呢?

或许，你可以通过以下的方式：

- 拿笔当卷发棒
- 把笔切成许多小环，用作发饰。
- 把笔杆当成簪子
- 把笔当梳子

这些想法都不在圆珠笔的可能用途之中，你可能还会想出更多。确实，一些人在随机词语的帮助下真可以想出比自由想象时更多的主意！（更多内容请见“有主题，才有创新”，第 141 页）

## 把词语和计划结合起来会怎样？

稍加练习，“随机词语”技巧就可运用于几乎任何情景中，从发明新产品到重新考量最佳税收方式等。在下一页中，你就会找到一小组词，由此开始吧。按照下面的简单顺序，一步一步地把这些词语和你的计划结合起来，看有什么结果：

1.确定挑战主题

例如：想出一个能容下 40 人开生日派对的地点。

2.从 1 到 60 之间随机选一个数

为了真正随机，你可以看着时钟，当时是第几秒就选几。如果是第 16 秒，就选 16。

3.看看下页的词表

找到你选好的数，看它旁边的词。不管看起来多么不合适，它都是将要结合到想法中去的词。

4.列出关联事物

比如：你选了 16，对应词语为“雨伞”。你可能会想：潮湿的天气、伞架、有雨伞出现的图画、雨伞当拐杖、金凯利的《雨中曲》(Singin’ in the Rain)……

5. 将该词融入到问题中去

比如，重新定义挑战：想出一个能容下 40 人开生日派对并与“雨伞”有关的地点。

6. 让主意喷涌吧！

例如：去一个需要雨伞的地方，如热带雨林，或一个离家近的有仿热带雨林（植物园）的地方，再或者去一个支有伞架的老酒店怎么样？

随机词表

| | | | | | |
|---|---|---|---|---|---|
| 1 | 兔子 | 21 | 混凝土 | 41 | 墓碑 |
| 2 | 牙齿 | 22 | 雪球 | 42 | 罗宾 |
| 3 | 瑜伽 | 23 | 壁炉 | 43 | 烟 |
| 4 | 手提箱 | 24 | 指甲油 | 44 | 长号 |
| 5 | 虎皮鹦鹉 | 25 | 计算器 | 45 | 猫粮 |
| 6 | 水晶 | 26 | 注射器 | 46 | 梯子 |
| 7 | 指甲刀 | 27 | 西兰花 | 47 | 歌剧 |
| 8 | 篮球 | 28 | 秋千 | 48 | 击剑 |
| 9 | 羽毛 | 29 | 安全带 | 49 | 排水管 |
| 10 | 山羊 | 30 | 大礼帽 | 50 | 洞穴 |

| | | | | | |
|---|---|---|---|---|---|
| 11 | 修女 | 31 | 脚趾甲 | 51 | 海鸥 |
| 12 | 悬崖 | 32 | 黄金 | 52 | 氧气 |
| 13 | 锤子 | 33 | 樱桃树 | 53 | 宇航员 |
| 14 | 照相机 | 34 | 巧克力 | 54 | 北欧海盗 |
| 15 | 培根 | 35 | 智力竞赛节目 | 55 | 竞技 |
| 16 | 雨伞 | 36 | 小提琴 | 56 | 耳语 |
| 17 | 领结 | 37 | 洗发水 | 57 | X 射线 |
| 18 | 枫叶 | 38 | 冰山 | 58 | 苹果 |
| 19 | 铁丝网 | 39 | 狗窝 | 59 | 直升机 |
| 20 | 出租车 | 40 | 睡衣 | 60 | 钱包 |

“创造性的工作带给我们的最高奖赏就是发挥创造力时的喜悦。”

——玛丽安娜·威廉姆森（Marianne Williamson，美国作家，1952－）

## “如果”游戏，越疯狂越有趣

有一个颇具想象力的词语是“如果”。这个词能开启想象大门，带领你开发新世界。你可以通过自己或与朋友玩“如果……？”游戏来开始想象力练习。

这个“如果……？”游戏，要从我们认为不可能或不会发生的事开始，比如：“如果我有个每次看之前都要上发条的电视会怎么样？”多疯狂！但就这个意思。新想法在仔细琢磨前通常都有点荒唐。

看上发条的电视会很痛苦，这是肯定的：很可能在电影最关键的时刻，电视机没电了，再者，不断地上发条是很累人的。

如果蹬自行车给电视发电，如何？许多人花钱去健身，但你却能免费塑形，不用再长时间当“沙发土豆”电视痴了，孩子也能因此受益。这样不是很好吗？

发条电视有其不实用的一面，但考虑到那些好处，我们也不能说它完全是疯狂的。事实上，发条收音机是近些年来最成功的发明之一，曾在 20 世纪 90 年代时风靡非洲。

**稀奇古怪的“如果……”**

想出自己的“如果……？”例子，多怪、多不靠谱，都由你。这里有一些“如果”可以试试。你要做的是：无论想法有多骇人，至少想出三个可能的好处。

如果电脑能吃会怎么样呢?

如果你必须先接受艺人培训才能生孩子呢？

如果塑料袋和电影票一样贵呢?

如果薪水不是每月一大笔打入银行账户，而是每小时一小笔地打入的呢?

如果餐馆付钱让你吃饭呢?

如果天空是绿色的呢?

……

扩大视野最简单的方法就是问：“如果不这样呢？”这可谓是最具启发性的问题之一了。由此可以延伸出上百种解决办法，毕竟一个问题里有好多个面可以改变。

下面的例子可以具体说明这种方法：

假设你想要设计一种新型的火车。为了生动，我们不妨假设你要设计一种通过秀美景区的观光火车。你也许会说这有什么可创新的，但和其他情形一样，在发散思维进行探索之前，你永远都不知道会有多有趣的主意出现。

“如果不这样”法的第一步是写下你可以想到的火车现状，无论多么明显，都写下来。于是，你很可能会这样开始：

- 车头在前，拉着车身。
- 火车司机的座位在车头里。
- 乘客坐在座位上。
- 乘客透过车窗看风景。
- 火车在铁轨上跑。

对于上述的每一项，现在都可以问“如果不是这样呢”，然后就任思想驰骋吧。

### “车头在前……”

如果不是这样呢？

车头不见得非要在前面——有时火车就是从后面被推着走的。如果车头不在前，那乘客车厢就可以领头了。

把可以观赏窗外前方美景的头节车厢当作观光车不是很

好吗？当然这样可能会有安全问题——火车司机不得要看轨道吗？这就到了列表中的第二项了。

**“火车司机坐在车头里。”**

如果不是这样呢？

火车司机有没有可能不坐在车头里呢？当然可以，这种座位布置在飞机中已经有了，飞行员坐在前面，离发动机还有一段距离。

在我们设计的火车里，司机可以坐在一个升起的小舱中，观光车下方有全景窗，车头在中间或后面。如果你觉得这个主意听起来不靠谱，那你肯定不知道其实已经有一列类似的火车存在了，即穿越瑞士阿尔卑斯山区的水晶观景快车（Crystal Panoramic Express）。

只尝试列表中的两项就可以激发这么一个主意。想想要是列出一百多项，那得有多少想法出来?

“如果不是这样呢？”是个很开阔的问题，因为从哪里开始都行。这里有些更具体的方法，可以弯曲现实，放飞想象。

### 如果能魔术般地把限制去掉呢？

要是有一堆条条框框限制你，或有一堆要求要满足，那么想出创意是很难的。与其寻找能满足标准的主意，不如暂时解放自己，忘却限制。

有一次，我所在的团队要为一次荷兰会举办的会议设计有奖互动，但是互动赠品要求不超过 10 美元，还要以荷兰为主题。互动必须是一个小游戏，要对每个人都有吸引力，还要与会议主题相契合。这些条件把我们压得要窒息了，所以我们索性就只想以荷兰为主题的游戏。然后，想法就纷至沓来了。（其中一个是“给小驴粘尾巴”游戏的变体：“给梵高粘鼻子”。虽然这个游戏没用上，但却让大家开心了一把。）

### 一些可以尝试的主意：

- 如果颠倒顺序呢？
- 如果钱不是问题呢？
- 如果要在日本呢？
- 如果小 100 倍呢？
- 如果非得今晚就完成呢？

· 如果你停下来不处理呢?

· 如果制订目标的就是你自己呢?你会怎么想?

## 把想法推到边上

夸张是很好玩的，而且还会帮你打破思想的界限，比如：你寻思着在孩子的学校里做个推广销售，可以先天马行空地想些疯狂的办法，然后再采取现实一点儿的方案（见下页图）。

“有创新想法的人在其想法成功实现之前都是疯子。”

——马克•吐温（Mark Twain，美国作家，1835—1910）

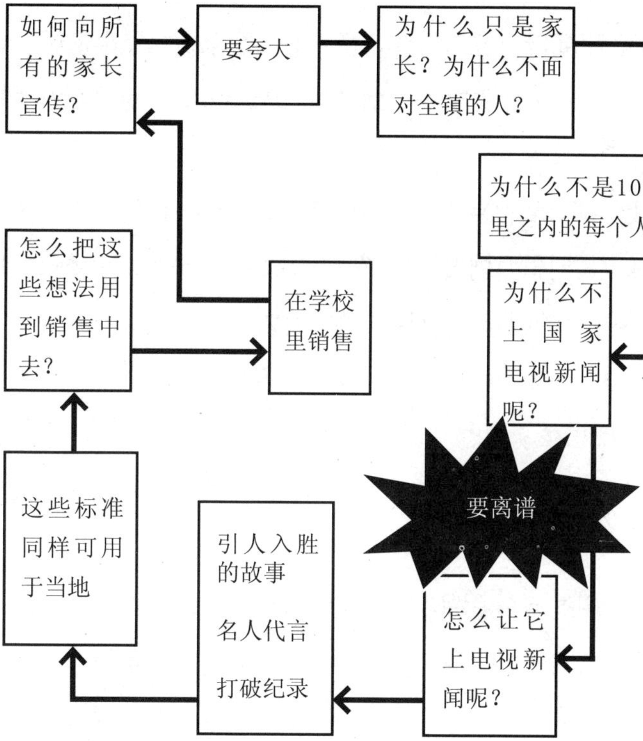
如何向所有的家长宣传？
要夸大
为什么只是家长？为什么不面对全镇的人？
为什么不是100英里之内的每个人？
为什么不上国家电视新闻呢？
要离谱
怎么让它上电视新闻呢？
引人入胜的故事
名人代言
打破纪录
这些标准同样可用于当地
怎么把这些想法用到销售中去？
在学校里销售

## 如果可以穿越到终点……

经过“如果”游戏的热身之后，你的想象力已经初步进入状态了。不要停，趁热打铁，多给你的想象力找点事情做。想要成为创意达人，你首先要做到对“无所事事”的想象力“零容忍”！

我们都有梦，梦想自己在生活中成为什么样的人或做什么样的事。人们想要创造力的部分原因就是要实现这些梦想。我们不妨先从梦想的实现开始来激发想象力。

### 想象目标已经实现了……

不管目标是什么，想象你已经实现了这个目标，再反过来往回追溯：问问自己怎么实现的？最后一步是什么？那之前的一步呢？通过一路追溯，就可以制出一个达到目的地的计划。

运用这个理念，可能要设想自己处在某种特定情形下，比如接受记者采访，谈论你的成功经历。记者可能会提出如下的问题：

- “整个项目中你最喜欢哪部分？”
- “你现在实现目标后，有什么感想？”

- “人们都对你说些什么？”
- “你生活的哪些方面有了改善？”
- “这次的成功为你带来了什么机会？”
- “你曾面临的最大困难是什么？怎么应付过来的？”
- “这件事对你的朋友和家人造成过不便吗？”

这个方法会帮助你重新分析哪些事情需要优先考虑，什么问题是事情的关键。

**一起来做白日梦！**

白日梦是会让人分心的，但对创新思维却有奇妙作用，应该培养，而不应抵抗。听听内心的声音：“如果……会怎样”，或是充满渴望地考量着“要是……”和“希望……”，这些思想都会推动新想法的到来。

**放任思维**

在读取或听取新信息时，思绪很容易游移不定。大脑中的逻辑部分吸收事实和解析语言时，直觉部分则会延伸开来，提问和联想。两个过程都很必要，分别提供对付问题的知识和创意。

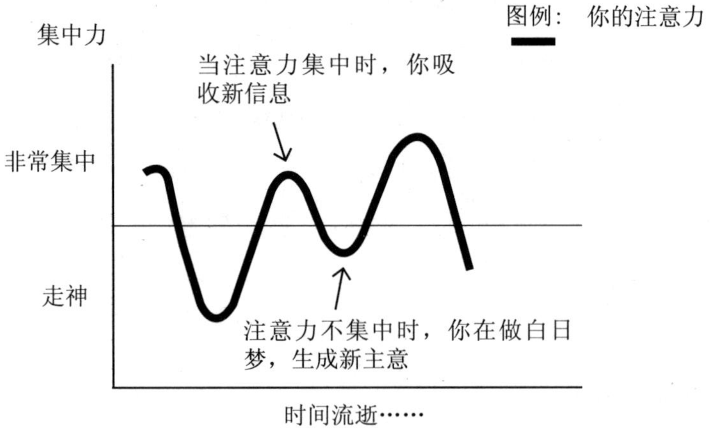


### “但愿”技巧

“但愿”能让你暂时冲破所有障碍。这种自由可以作为一种渡过难关的简单辅助。

你可以从定义问题或目标开始。想象你在和一个朋友说话，让思想活跃起来，为下面的问题找出简短的回答：

“什么问题？”

“什么障碍？”

“尝试过什么方法？”

用纸笔或小录音机记录下你的描述。

休息一小会儿，然后看看或听听自己的描述。同时，任想法游荡，写下自己的希望或心愿，以“但愿”打头。定个目标，比如至少要完成十条“但愿”。你可以许任何愿望，甚至完全不可能的，也可以干脆许愿让难题消失。

把这些“但愿”作为你重新审视问题的一个起点。

和朋友一起做这个练习更好，一个描述问题，另一个写下自己的愿望。

“世界对于有想象力的人来说只是一块帆布。”

——亨利·戴维·梭罗（Henry David Thoreau，美国作家，1817–1862）

## 假如你和上司互换身份……

法国作家斯塔尔夫人（Madame de Staël）曾这样评论过：“智慧在于发现不同事物间的相似处和相同事物间的差异点。”这种观点正好适用于创新。比较和对比可以帮你发掘新视角，重新审视熟悉的情形。

头脑本来就善于寻求联系，加以练习之后，这种能力会提高得更快。从百科全书中随机找两个看起来毫不相关的词语，看看能找到多少它们之间的相似处。比如，我挑出了如下的词：

“维生素”与“图片”

乍一看，这两个东西没有任何联系或相似点，但仔细想想……

- 二者都是你“挑出”的。
- 二者的制作都经历了化学过程。
- 二者都在店里有售。
- 二者的词长都不超过三个字。

你也可以在其他完全无关的两种情形中用这个方法，来找到解决问题的新方式。

### 不妨试试“联系实验”

面临新问题时，如果你觉得“这个与我做的事完全没任何共同点”，那么不妨挑战一下“联系实验”。

简要概述待解决的问题，如“怎么让孩子们帮忙做家务。”

接下来，将这个特定事例归纳成更概括的问题，如“如何让孩子们做他们不愿意做的事”，甚至“如何让人们做他们不愿做的事。”

想想这个概括性问题适用的其他情形。“让人们做他们不愿做的事情”适用于任何情形，比如，让有洁癖的人献血或让司机将车速控制在限速范围内。

想想其他问题是怎么解决的，如何把那些情形转化到自己的情况中。

鼓励人们献血，可能会侧重强调献血对别人甚至是献血者自己的好处。让司机慢下来，因为路上有标明速限的路牌。至于想要孩子做家务，你可以和孩子说屋里干净整洁了，他们更容易找到东西，而且你也有更多时间和他们在一起。你也可以给每个孩子一个标牌，写明他们要负责的工作（吸客厅地板，叠好洗完的衣服），等完成后给他们颁发小红花。

### 变换不同的角度

频繁面临“老掉牙的”相同问题时，问问自己这次有什么不同。有句话说得好：“如果你总是做同样的事，就总会得到同样的结果。”哪怕是很小的一个变化也有助于打破固定模式。做出改变的一种简单而有效的方法是：试试别人的办法。

《换妻》是近年来众多成功的电视真人秀之一，是让两个家庭主妇互换两周的生活。第一周她们要在新家里实施自己的政策，第二周要按另一个主妇的规则生活。为了让节目效果更出彩，这种互换一般是在有着完全不同价值观和生活方式的人之间展开的，最后经常以一场大吵结束。

不过，暂时过另外一个人的生活——做她的工作、住在她的社区、与她的朋友相处或仅仅购她常购的商品——却可以在看透她的思维方式的同时，也暴露出自己的思维方式。你也许会从她处理日常事物的方式中发掘出许多想法。

如果你对这个主意感兴趣，那就试试：

· 问自己：你要和谁换一个星期？上司？生活在另一个国家的亲戚？你的一个孩子？

· 简化交换的内容。

完全交换生活方式可能太复杂了，所以你只需挑出一些特定的活动：互换菜谱，做对方最爱吃的菜；看一部对方最喜欢而你又没看过的电影等。

“好点子的身价是没有上限的。点子是所有财富的起点。”

——拿破仑•波拿巴（Napol é on Bonaparte，法国政治家，军事家，1769—1821）

## 巧解电梯难题

有一个办公室经典案例：一家公司总部在一座高楼里，电梯非常地慢，员工嫌等的时间太长。于是大楼管理员就想出了一个妙招：在电梯外侧装上了镜子。问题解决！

为什么？因为相比过去在周围踱步等待，员工现在可以照镜子整理仪容了：系领带、补妆等等，对电梯的怨声也就消失了。

遇到看起来过于庞大、过于尴尬或花费过多而难以解决的问题时，试试横向思维。首先，以提问的形式看问题；然后想想是不是真的问对了问题，或是否可以把它改装成别的问题——一个有可能解决的问题。

### 死路旁通

上面的故事是横向思维的常用例子。原始问题——如何让电梯加快速度，其实根本没解决，但是，大楼管理员解决了另一个问题：如何让人们在等的时候有事儿干。

这种用解决别的问题来处理事情的方法可以应用于生活的各个层面。比如，面临与工作有关的头疼事，像“怎么降低今年的成本”之类的，你可以去解决改造过后的横向问题，比如“如何增加今年的收入”。

这种横向思维的方法也可应用到日常生活中。比如我最近遇到的一个问题：隔壁空房子的花园里有一棵树遮了我花园里的光。我的问题是：如何与不见踪影的房主联系，好接近他家的那棵树，但后来我突然发现：其实从自家花园里搭个梯子，我就可以够得着那棵树了。有时，你不用解决原始问题，只需完全绕开它就好。

### “如何”技巧

这个技巧有助于重新认识问题。一旦问题被重新定义，你就能想出新办法，问题也就迎刃而解了。对于被原始问题困住思维的人们来说，新办法将会非常有创意。

· 从提出最基本的问题开始，以“如何……”形式表达。

· 再提两个疑问：“为什么这是个问题？”和“是什么阻碍我解决问题？”

· 这些提问的答案又引发出相关的问题，把这些问题都列成“如何……”的形式。在上文的电梯例子里，“如何”问题应当包括："如何不让人们抱怨电梯慢"，"电梯被更换时，如何通过其他方式上楼"，或"我有会议时如何能避免用电梯"等。

- 针对列出的每一个"如何"问题，想想解决的办法。

"世上本无事，庸人自扰之。"

——陆象先（唐代）

## 走不通？反过来试试！

另一个解决难题的办法是把它反过来。乍看上去，这招儿有点荒谬，但看问题的对立面的确会引发惊人的想法和完全合理的解决方案。

举个例子：如何让车在拥堵的路上走得更快？一个好办法就是慢慢开。听起来像是《爱丽丝梦游奇境》（Alice in Wonderland）里的一个谜似的，但却解释得通：车开得快时，司机的反应时间就缩短，更易出现急刹车而让交通陷入瘫痪。如果有限速，比如40迈，像《伊索寓言》龟兔赛跑中的龟一样，这样一来交通缓慢有序，人们反而能及早到达目的地。

### 变大的手推车

一位设计师将这种反向解法运用到了极致。他想要改小飞机上的餐车，以便人们能从餐车旁挤过通道。为了寻找灵感，他考虑了问题的反面：如何把餐车改大。他的方案是在过道（也是唯一能放下餐车的地方）铺轨道，让餐车沿轨道移动。如果餐车再大些，可以在内部装烤箱来热食物，这样厨房就能缩小些，飞机上就可以腾出更多的空间放座位。这个主意最后变成了现实，而且还成了专利。

反向思考法行得通，是因为它对假设有着直接针对性的挑战。即使它没能帮你想到实用的方法，也会帮你发现一个看问题的新视角。

反向技巧的另一个优点是让问题更有意思。逆反对人类的心理有种特殊的吸引力。把问题前后颠倒也会更有助于新主意的迸发，比如，你正努力存钱，就想些疯狂花钱的法子，而你想的法子就会暴露出乱花钱的诱惑有哪些。

开车开到死胡同时，你就得挂倒档才能出去。反向思考也是同样的道理：当前路看似不通时，反方向可以帮你另辟蹊径。这种技巧适用于任何问题，不论在工作中还是家庭中的。下面有几个例子：

### 迟到的贺卡

不要想如何在今年尽早地寄出贺卡，而要想如何寄得晚些。

寄年末（如圣诞节）贺卡时，若比平常寄得晚些，可能到年底对方才能收到，这反而引出了寄新年贺卡的方法。真不是什么馊主意：没人在圣诞节前有时间看所有卡片和信件。如果你推迟寄，反而更能达到沟通效果。

### 带孩子们去踢球

不要想如何把孩子们送去踢球，要想着如何让他们送你去踢球。

什么意思？可以从字面上理解——让他们在自行车上系个拖车，把你牵过去。也有更实际的解释：别像之前那样，追在孩子们屁股后头跑，替他们收拾，而是改变重心，让他们为你整理出发前要准备的东西。请宽泛地理解“送”这个词。

把问题反过来的方法通常不只一种。“如何找到一份新工作”可以变成“如何留在现有工作中”或“如何找一份老工作”（可以理解为回到曾做过的工作中），甚至是“如何让新工作找到我”。每一个说法都能指引出一条不同的路，发掘出新的可能。

同理，如果你在找一个新房子，“如何找到一个能住得起的合适地方”可以变成“如何找到一个能住得起但不合适的地方”（也许到时你就会发现其实也没那么糟），“如何找到一个合适但住不起的地方”（然后找找住得起的办法），或“如何不再寻找合适住处”（呆在原地，让命运决定）。

“创造力是会感染的。传递下去。”

——阿尔伯特•爱因斯坦（Albert Einstein，理论物理学家，1879–1955）

## 试试你的横向思维能力

涉及横向思维的谜题是扩散思维的快速有效方法，而且还很有趣。这里的练习要考考你的视力和逻辑能力（答案在第 86 页）。你能跳出盒子多远之外?

本章开篇有一道三条直线连九点的练习。实际上，本题还有个稍不常见的版本：十六点连线（见下图）。只用六条线就穿过所有点，且每点只过一次，笔不离纸。十六点的解法至少有十种，其中还没算“花招儿”解法。知道了九点的方法，几分钟内你就应该可以找出一种十六点的解法。想更多的解法会需要长一点的时间，有些得“跳出盒子”大老远外进行思考。

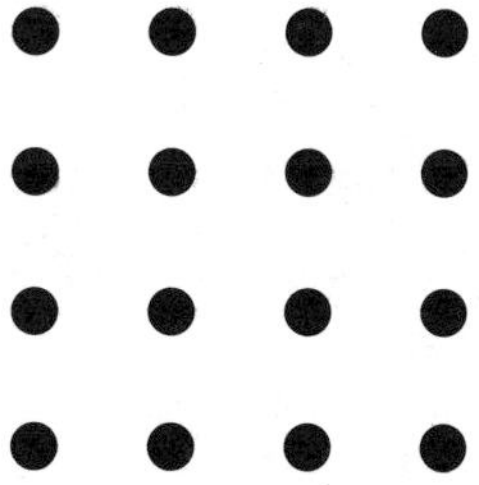

## 更多好玩的谜题

要进一步检验推理和横向思维能力，可以试试以下的题(第87页有答案)。

· 看一下统计数字，就会发现加拿大人二月吃得比其他几个月都少。为什么?

· “你多大了？”斯坦问莎莉。“几天前我12，”莎莉回答，“明年我15。”为什么会这样?

· 在OTTFFSS这个序列中，下一个字母会是什么?

· 我们都知道，英语字母表的第一个字母是A，那么，B的前面也就是A。请问，最后一个字母又是什么？

“石器时代绝不是因为石头用光而结束的。”

——佚名

## 测试题：你的思维能力有多强？

想象力是大脑创新的源泉，而发散思维则是输出源泉的通道。它不仅可以酝酿出创新的火花，更能把创新思维推向一个更高的层次，使其从一个目标或思维起点出发，沿着不同方向、角度提出各种设想，探寻各种途径，最终获得解决问题的最佳方案。因此，发散思维能力也是测定创造力的主要标志之一。

下列每一道题目，请在 5 分钟之内完成。

1. 乐队中有一种器械，既不能吹和弹，也不能拉和拨，但离开它乐队却无法演奏，请问器械的名字叫什么？

2. 买某件商品要给 7 元，而买两件却给 4 元，这是怎么回事儿？

3. 充分发挥最大的想象力：有什么东西与“△”相似或相近？

4. 一根未削过的圆铅笔有多少个面？未削过的六边形铅笔又有多少个面？

5. 为什么德国人总是比西班牙人用的香皂多？

6. 一条通往东方的路与东风之间有什么区别?

7. 什么事情天不知道，地却知道；你不知道，我却知道?

8. 世界上有种东西在破裂之后，即便用多么精密的仪器也找不出裂纹，是什么东西?

9. 有件事情竟然在闭着眼睛的时候也能看到，到底是什么事情?

10. 如果你想让一根棍子变短，而又不能折断或削短它的话，该怎么办呢?

11. 请把人、鸭、菜油、菠菜、石、铁、木按照性质进行分类。

12. 请将两个圆（OO）、两条直线（||）和两个三角形（△△）组成各种有意义的图案。

13. 马路上，一位卡车司机撞到了一个骑摩托车的人，结果骑摩托车的人没事，而卡车司机却受了重伤，究竟是怎么回事儿?

14. 每个人都有一样东西，它完全属于自己，但别人使用它的频率却远远超过我们自己，究竟是什么呢?

15.W 先生是铁路维护员，他向别人说道：“我负责维护的这条铁路是由 J 市到 H 市的，其中大约有 1.5 公里是没有铁轨的。”别人听后很疑惑地问他：“那火车能通行吗？太危险了！”W 先生回答说：“当然能通行，而且已经安全通行了近十年。”这到底是怎么回事儿？

【计分方法】

每题在 5 分钟以内正确答完为 5 分，超过 8 分钟为 2 分，答错不记分。

【测试答案】

1. 指挥棒。

2. 这是用 10 元钱买每件 3 元钱的商品时的找零。

3. 和“△”相似或相近的东西有：隧道口、子弹头、镜片、山峰、涵洞、堡垒、拱桥、盾牌等等，回答越多发散思维能力越强。

4. 三个面，八个面。

5. 德国人口比西班牙多。

6. 东风指的是来自东方的风，它与通往东方的路方向相反。

7. 鞋底破了个大洞。

8. 感情破裂。

9. 梦。

10. 用一根更长的棍子与其比较。

11. 这些物体可分为以下类型:

食物——菠菜、菜油、鸭

燃料——木、菜油

建筑材料——木、石、铁

动物——鸭、人

植物——菠菜、木

生物——菠菜、木、鸭、人

矿物——石、铁

含铁物体——铁、菠菜

浮水性强的物体——木、菜油、鸭

创造的分类越多，发散能力就越强。

12. 两个圆、两条直线和两个三角形，可以组成各种有意义的图案，比如:从具体形象出发，可组成“人脸”或组成“落日与山的倒影”;也可从抽象角度考虑，组成等式:△○=○△;

还可以把抽象与具体结合起来，组成“△|○○△”，表示两山（具体）相距100米（抽象）等。组成的有意义的图案越多，表明发散思维能力越高。

13. 卡车司机在走路。

14. 姓名。

15 因为铁有冷缩热胀的特性，因此在铺设铁路时，要在铁轨与铁轨间留有空隙。J市与H市之间的铁轨空隙加起来有1.5公里。

【测试结果】

如果你的得分在：

61~75分，说明你的发散思维能力很强。

30~60分，说明你的发散思维能力中等。

30分以下，说明你的发散思维能力较差。

第 79 页：16 点连线难题

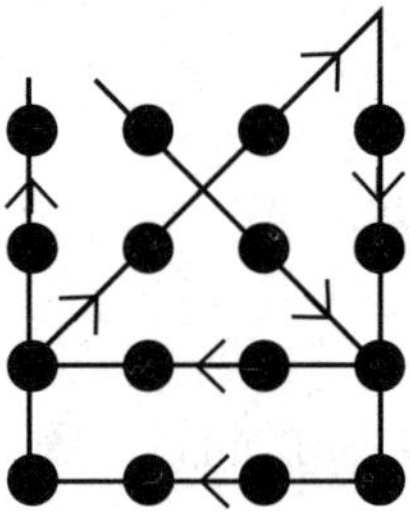

“智齿”方案：这是对九点解法的扩展，从两个方向“跳出盒子”的延伸最远的方案

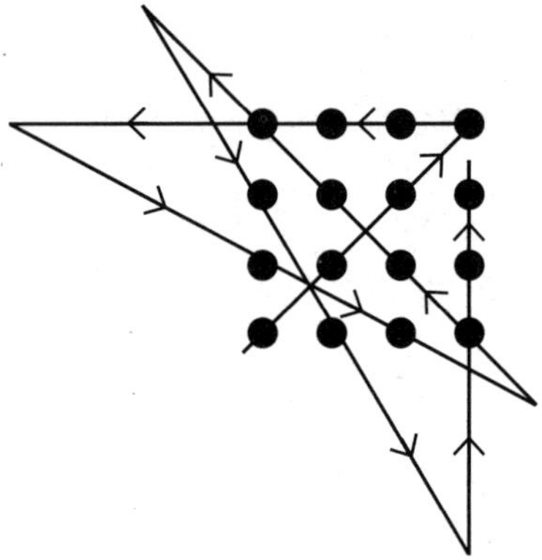

第 80 页：迷惑题

1. 加拿大人（和其他人一样）二月份吃得都比较少，理由很简单，因为二月比其他月份天数少。

2. 今天是 1 月 1 号，而莎莉的生日是 12 月 31 号。两天前她还是 12，昨天是她 13 岁生日，今年年底她会到 14，明年她就 15 了。

3. E。那序列包含的是序数“One”、“Two”、“Three”、“Four”等的首字母。

4. 对于惯性思维者来说，“是 Z”的答案会脱口而出，而结果显然不对。要知道：很多时候，过分容易的问题更应摆脱束缚，全面考虑。题中的问题是英语字母表的最后一个字母，字母表的英文显然是“alphabet”第一个字母是 A，而最后一个字母则是 T。

**这里有一些三线连九点的方法供你参考：**

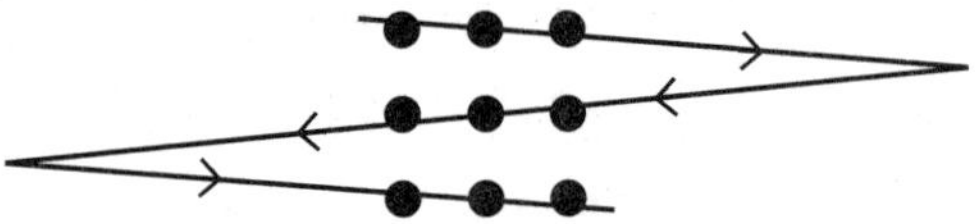

如果点够大，或线够细够长，这种 Z 字形的方法就行得通。（你是不是以为线都必须穿过点中心呢？）

让我们跳出思维的框子更远一点：其实一线也可以连九点！

给我根足够粗的笔，我需要的就只是一条粗线。

其他方法还有：把纸粘到饮料罐上，画一条斜剖面线，或把纸折起来，用笔从点中间扎过去（有些人把这些答案视为钻空子，也有些人认为既然给出条件中未充分说明，那这些答案就是正当合理的）。这道题是面向创新者开放的，没有正确答案！

# 第四章

# 怎么做，灵感才会来？

这些难题你该如何解决？

是什么困住了你？

“调低”消极的声音

那些“幸福的意外”

从小事做起

动手吧！不用太完美

测试题：你是个敢于冒险的人吗？

## 这些难题你该如何解决?

1. 希腊帕台农神庙的游客很喜欢从古老的立柱上砍一些碎片下来，作为旅游纪念品带走。虽然这种行为是违法的，却屡禁不止，雅典市政府为此很着急。后来他们用了什么巧妙方法，既让游客不再破坏古老的建筑，又可以心满意足地离去呢?

2. 一个人以 10 美元一公斤的价格大量购进椰子，又以 1 美元一公斤的价格全部卖出。凭借这种方法，他成了百万富翁。他是如何做到的呢?

3. 一位父亲在三个儿子面前，把酒倒满 7 个酒杯，然后另外 7 个酒杯倒半杯，最后还剩下 7 个酒杯是空的。他跟三个儿子说："将三种酒杯平均分给每个人。"他的儿子应该怎样处理这些酒杯?

4. 将 24 个同学排成 6 列，要求每 5 个人排为一列，请问该怎么排列呢?

有时候，打破旧有的思维模式对你而言还不能产生足以摧枯拉朽的力量，你还需要从行为模式上来一番彻底的改变，才能扫清障碍，迎接新点子的造访。然而，年复一年形成的习惯早已是一个“舒适圈”，想要拔腿走人，还真不是件容易事。来看看创意高人们有什么办法：

## 是什么困住了你？

你每天的生活千篇一律吗？你是否因为自己每天重复相同的活动，经常感到无聊、沮丧或不满足？在马拉车的年代，每次马车要越出现有车辙时，都要向一旁倾斜颠簸好一阵儿。同样，要想跳出自己的成规，你也要对自己下猛药。

如果你发现自己身陷槽中，就要查出是什么把你困在那里，再针对问题症结采取不同的策略。你一定很想出去，除非：

· 真的感觉被困住了（经济上、身体上或有无法推卸的义务在身）。

· 你感觉很舒服（守着老习惯不会痛苦，会让你有自信，这种情况经常被描述为软软暖暖的“毛绒槽”）。

想逃离困住自己的槽，就要学会像印第安纳•琼斯（系列冒险电影《夺宝奇石》的主人公，擅长险境逃生，并完成任务）那样思考：你真的被困住了吗？哪里会有突破点能让你着手策划逃跑大计呢？你确实承担不起换工作的成本吗？你必须每天早上在为孩子打包午餐时就面对接他放学的压力吗？只要你再稍作努力，有些事情就可能是另一个样子了。

从舒服的成规中出来同样艰难，因为即使你对自己的现状不满意，也还是会在许多小细节的诱惑下留在原地。面对已有的安全感和巨大的未知领域，许多人就“卡”在了自己不喜欢的高收入工作上了，这并不奇怪。

### 打破“舒适圈”

下页图描述了人在受困时的情况。想要达到的状态可能比现状要好些，但你得首先经历一段不稳定时期，那期间情况可能更糟。如果你没有准备好应对伴随改变而来的不适，那么每次脚一沾水，你就会很快地收回来。（任何尝试过戒烟的人都应该很熟悉这个曲线）

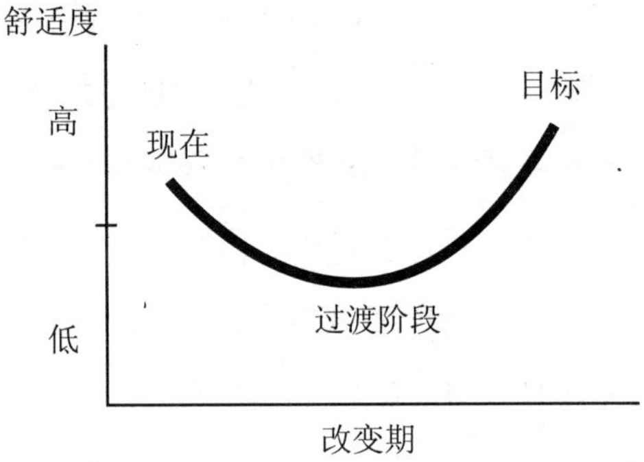


要走出困境，通常需要两个条件的其中之一：要么有足够的动力，能让你忍受途中痛苦，要么找到一种方式，可以绕过中间的不适阶段，直接跳到目标。

## 尽快付诸行动

走出困境的一个方法就是破釜沉舟，比如辞职或卖房子。如果改变的欲望足够强烈，就能够驱策你度过不适期。人们都会在某个时段想要来个大转变，但一定要抓住机会。如果不马上将计划付诸实践，那么很可能晚上睡个好觉起来就会轻易改变主意。一旦开始了新行动，也需要有定期的阶段性目标，以保持冲力，防止反悔思想趁虚而入。

## 别怕冒险

走出困境的另一条途径看似如上帝在推你一样，比如公司破产，或面临家庭危机而不得不改变生活方式。这种意外是不可控的。或许你可以借此改变下自己的生活道路，尝试冒更多风险，接下没把握的任务，赌赌未来、挑战极限。也许到头来你会非常感激有这样的经历。

"没有冒险的成功，如同没有荣誉的胜利。"

——皮埃尔·高乃依（Pierre Corneille，法国剧作家 1606–1684）

## “调低”消极的声音

第一次尝试创新时，你可能要从周围环境、别人或自己那里得到反馈，以评价效果。负面的反馈可能会使你泄气，甚至永久性退缩，但正面评价却会促使你继续努力。

我小时候上钢琴课时，特别害怕费牛大的劲后猛弹出错误的音符。每一个错音都满屋回荡，提醒着我弹得有多差，而且，每一个错误必然要打击一次我的信心，使下一个音更可能出错。

在这种消极的反馈中，每个错误都让问题更加恶化，最终使得实现或创造任何事物都极其困难，如下图“恶性循环”所示：

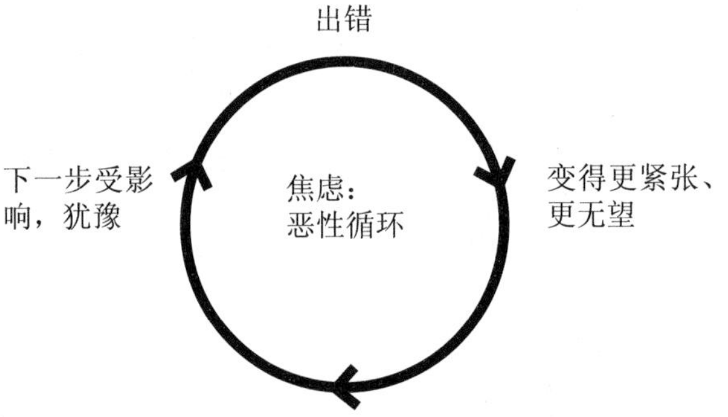


### 打破消极圈

如何打破这个消极圈？我长大成人后再次拾起钢琴时发

现了一种方法。由于我想要尝试的曲子是远超出自己驾驭范围的，所以我买了架电子琴，它最有用的功能是可以调节音量。刚开始，我把音量调小，小到几乎听不到那刺耳的音符时，听起来就好像我弹得好了很多，真奇妙！

如果我在弹的同时播放这首乐曲的 CD，再把电子琴音量调至最小，那么效果更棒。满耳听到的都像是自己在完美地演奏一般，而且还能感受到弹奏时手指的感觉。相信开始的这种体验让我更有动力坚持完辛苦的练习。

当你尝试一个新项目或新技术时，花些时间专注于积极反馈，"调低"消极声音，哪怕只在开始时这么做，也会有帮助的。

### 降低消极反馈

有各种技巧可以帮助你降低消极反馈。下面有几个例子。

如果你想练习唱歌

消极的反馈通常是别人的表情或自己的声音。去掉消极反馈的方式是在车里唱：打开最喜欢的专辑（把自己淹没在音乐里），把车开到路上，扯开嗓子吼吧。60 迈时，没人能听到你嚎，你自己也听不见。

如果你想练习画画

练习绘画的一个办法是临摹图片或照片。悲剧的是，好多人对比模本和自己的作品时，一眼就能瞅出二者的“不相似”。

比如脸画得不像，原因通常是你没有完全按看到的内容画。相反，你在脑子里重塑了眼睛所见，产生了一张标准的脸，一个从过去见到的众多脸中总结出来的形象。结果，画眼前的脸时，你就混淆了。

更正迷惑性反馈的最佳方式是将要仿照的图上下颠倒。脑子不再把这些线条看成是一张脸（或其他形象）时，你就可以专注于眼前所见，而不是脑中所想。画出来的结果就会非常精准。

**做出重大改变**

生活中的重大挑战有许多种，从短期的改变，如减肥，到长期的改变，如换工作。在迎接这些挑战时，你同样需要减小消极反馈。

如果你想打破节食的恶性循环

许多节食的人都受到过消极的打击，比如站到秤上发现自己没瘦多少，于是内心有个声音斥责自己意志力不够坚强。他们在失落之余，就去吃点零食安慰自己，导致恶性循环继续。如果你有这样的问题，试试把秤藏起来，并在厨柜和冰箱上贴着激励自己的便签，作为打破恶性循环的双重出击。

如果你打算换工作

如果你在计划一个大改变，比如换一份收入低点儿但更有成就感的工作，负面的反馈可能是朋友说的：“你确定吗？”也可能是银行账户说的：“看，我变少了！”这些因素都可能诱惑你留在第 92 页所说的“毛绒槽”中。

这些负面反馈是很重要的（毕竟置账户收支于不顾早晚会引起“地震”的），但你要对它们有所控制，比如让朋友在指出问题前先谈谈你计划的好处，或者仔细算好资产，这样即使收入降低了，你也能应付得来（在第 215 页“做最坏打算”中能找到更多建议）。

"灵感是等不到的，你必须用棍棒去追逐它。"

——杰克·伦敦（Jack London，美国现实主义作家，1876–1916）

## 那些“幸福的意外”

“幸福的意外”，指无心发现的有价值事物。从本义上讲，意外发现是无法故意安排的，但通过新尝试可以增大这种发现的概率。

许多世界上最伟大的发明都是意外或错误导致的。一个经典例证就是紫色染料的发明。它是在寻找疟疾的治疗方法过程中碰巧被发现的。

几个世纪以来，奎宁一直都是治疗疟疾的有效成分。可惜，天然奎宁有限，于是 19 世纪以前的化学家们都热衷于探寻人工制造奎宁的方法。其中一位名叫威廉•珀金（William Perkin）的化学家在一次实验中制造出一种深色物质，它溶于酒精之后就形成了紫色液体。他发现用这种液体给布料上色，效果很不错。就这样，珀金意外地发明了第一种合成染料。

### 戴夫 • 戈尔曼的启示

一种推动意外发现的方法是给自己任意布置一个任务，走出平常的经验。比如，英国喜剧演员戴夫•戈尔曼 (Dave Gorman) 打赌要找到世界上其他 54 个和他同名的人。这个任务本身是没什么意义的，却抓住了大众的想象力。他现在已经把这段经历分别转化成一个电视节目、一部非百老汇戏剧（指比较先锋的、实验的演出）和一本书了。

有什么无聊的挑战能推动意外发现呢？你可以试试下面的几招儿：

· 上班选不同的路径，或换种交通工具。

· 买一本之前从未关注过的杂志，读读其中的评论。

· 换不同时间去度假。

· 到一个从来没进去过的商店买一件东西。

· 从当地报纸上或社区论坛里看看接下来一周的公众活动公告表，找出第三个活动，然后去参加。

· 去书店里一般不留意的区域，选一本名字有吸引力的书。不管是小说，还是指导人们“怎么做”的教程类书，任何书都可能会带给头脑一次美妙旅程。

· 下次出外就餐时，随机选一家餐厅。

· 做五分钟的名人。拨打一家当地电台的节目热线，加入你感兴趣话题的讨论，或参加一个他们举办的竞赛。

· 买现在流行歌曲榜单排名第十的专辑（不要选第一，很有可能你已经听过了）。学学歌词，了解更多关于歌手的信息，然后找人考你歌词。

“没有任何人去过创造之地。你必须离开舒适的城市，走进直觉的荒野。你将会发现精彩绝伦的世界，你将会发现你自己。”

——艾伦•艾尔达（Alan Alda，美国男演员，1936–）

## 从小事做起

面临新挑战时，特别是涉及以前从未接触过的技能和天分时，你就必须加强自信。没必要因为紧张或害怕自己不够好而慢下脚步来，更不要没开始就放弃。

不论你的终极目标是什么，实现它的最佳途径就是从小的，简单的事情开始做起。很多时候，光任务量就会把人震住，以为事情完全不可能完成。遇到类似状况时，你可以将挑战分解成一步步的小任务。

你也可以从容易实现的目标开始，那种不需要太多时间、计划或灵感的事。比如写作，从写一部小说开始可能并不太好，除非你确定自己有足够的毅力能长期坚持下来；从写日记开始就要容易多了。

别担心自己是否有创意。只要简单地做着小事情，坚持下去，你会发现：下定决心就能实现目标。

下面列出了一些较常见的例子，你可以从中学会如何一步一步地把事情简单化。

### 写自传

从制作你人生某一阶段的相册开始：比如一个假期、一年或一个特殊事件。要从你的一生中搜寻故事和图片，听着任务就够重的，可能下不了手。要是只选一个阶段，事情就好操作了。

### 成为一位有创意的厨师

从电视上看到的一顿新奇便餐开始。尽量选择用普通原材料做的便餐。

### 翻修老房子

从小房间开始，选择工作量少，却能让房间的外观产生大变化的工作（这点上来讲，粉刷墙壁要比水管改造更胜一筹）。

### 加入社区项目或地区政治活动

先就某一感兴趣或关心的问题，给当地报纸或社区网站写一封信。内容要简单，有时候最短的内容反而最有冲击力。

任何一项简单的技巧都能帮助你冲破自己的“盒子”，有信心继续做更大的事。

**借助外力**

借助外力创新是相对容易的。你通常都知道自己的想法来源何处，所以不会有太多的“啊哈！”时刻。主意突然自发冒出来虽然很美妙，但借助外力而来也不错。

相信创新应源于自身天分的人很难接受外力技术的介入。我曾给一群认为自己没有绘画天赋的人展示了画脸的标准技巧（见第98页），就是临摹一张头朝下的照片或图像。几乎每个人都被自己的成果所震撼，只有一个人说：“但这不是绘画。”他认为，既然用了其他技巧，那画出的画就不算数了。

其实，专业艺术家也用技巧，从临摹图片到运用电脑软件等，不胜枚举。刚开始，用人工辅助手段想主意似乎意味着创意不足，但做得多了，想法自然而然也就多了，而你也会更有想象力。

**照相机暗箱**

艺术家已经有几个世纪都在使用“人造”方法了。其中有一种绘画辅助工具据说广为达•芬奇、维梅尔（Vermeer）和卡纳莱托（Canaletto）使用，那就是照相机暗箱。这是一个黑箱子或黑屋子，一端有非常小的口透进光线来。小口一端的物体会在光照下成倒像。你可以用镜子反射光线，把倒像正立过来，然后描画其轮廓。即使这些艺术家们借助了照相机暗箱的辅助，他们的整体画技也并未减损。

“真正有创造力的人能够摆脱一切自我束缚。”

——杰拉德•扬波尔斯基（Gerald G.Jampolsky，美国精神病学家，1925-）

## 动手吧！不用太完美

没什么比一张白纸更恐怖了。不管要想的是度假的地方，还是更有野心的事情，开始的几分钟或几个小时都会很痛苦。作家们将这种现象称为“创作障碍”。你是怎么开始的呢?

许多艺术家、作家和作曲家们都会告诉你同一件事情：不管想到哪儿了，动手吧。哪里都行。别指望着第一次就能有多好的成果出来。光在纸上草草记下任何老掉牙的垃圾，也够给你带来灵感的。这是一个人的头脑风暴，要把自己所有的想法统统倒出来，不用去管质量如何。

有时，创造美好事物的唯一方法是先制造一些坏的。曾经，我所在的团队要为老板写报告。每次我们花好长时间琢磨他想要什么，然后写出报告来，却发现他每次都用红笔涂改一遍，变成了自己的版本。起初，我觉得他在浪费我们的时间，但后来我突然意识到我们的工作其实是他想法的催化剂。

同样的原理也适用于你的工作。花了一个小时乱写的草稿，最后扔了，并不代表你把时间浪费了。把想法写下来的行为本身就会开启思考之旅。

### 现在就开始吧!

这里有更多有助于开始动手的贴士，它们都能在灵感出现前为你争取些时间:

· 从最后一步开始，如最后一章、礼物上附的卡片、获奖感言等。

· 别担心“创新”部分，从小的点滴开始: 加工粉屑、购置工具或收集参考书。

· 为自己找一个创作的地方。

· 在纸上做个标记，哪怕只是乱画。这个动作证明事情已经比白纸一张有了进展。

· 给朋友打电话，说说你打算怎么开始、有什么困难和计划。(也许在打电话时创意就开始了，只是你没意识到而已。)

### 准备、开火、瞄准!

如果你参加的竞争或冒的风险对自己非常不利，看着微乎其微的成功几率，你很可能会问自己:“何苦呢?”如果每个人都这么想，就没人能中六合彩，也没人能赢奥运会金牌或成为优秀小说家了。

不管一个奖项或目标有多遥远，对它的觊觎都会推动着你前进。你也不一定非要坚持到最后。通常，过程和实际结果一样有回报。

我认识两个人，他们一生都投身于小说创作中，却都一次次被出版商无情拒绝。通常，第一部小说能够出版的几率只有百分之一。

但这两个朋友都没有因为花了很多时间调研和写书而后悔，因为他们都经历了那么多新奇的挑战和巨大的激励。他们都能把作品分享给别人，即使只是复制的手稿，而不是装订成册的书，而且，二人都有“冒险一试”的猎奇态度。

**下注才会赢**

彩票通常都通过强调“冒险”的收益来诱惑彩民，如英国国家彩票的口号就是“下注才会赢”，弗吉尼亚州的则是“不试怎知道？”这些标语都非常有说服力，虽然赢大奖的几率那么渺茫。我不鼓励买彩票，但类似的口号可以激励你加入到任何创意项目中。

# 第四章 怎么做，灵感才会来？

“一切伟大的功绩和思想最初都是荒谬可笑的。”

——阿尔伯特·卡缪（Albert Camus，法国作家，1913—1960）

## 测试题：你是个敢于冒险的人吗?

所谓的冒险，就是离开众人习惯的道路，以另外一种未知、新颖的方式开拓自己的生活。既然是冒险，便没有前例可循，所以成功与失败都很难定论。虽说如此，但只有冒险才能停止平庸。你自身究竟拥有多少“冒险因子”呢？请在下面的测试题中寻找想要的答案吧！

测验包括10道题，假想自己处于题目所描述的情境中，然后在下列3种反应中选一个最适合你的：

①——我不可能考虑

②——我可能会做

③——我绝对会做

1. 你有个好朋友靠不正当手段发了一笔财，想给你机会也捞一笔，酬劳是100万元，只要你肯出10万元。你肯出吗?

2. 你有机会可以看到一些密件，里面的资料对你日后的前途很有价值，但是你若被发现看了这些资料，就会被炒鱿鱼，名誉也会扫地。你会看吗？

3. 你仍然单身，并在报上看到一则征友启事，各种条件好像都很适合你。你以往从未想到对这种启事有所行动，这次会吗？

4. 你在公司要升迁，唯一的办法就是暴露公司中一名比你强的人的缺点，但他铁定会展开反击。你会“开火”吗？

5. 你得到一宗内线消息，对你公司的股票会有重大的影响。做内线交易是违法的，但很多人都这么做，而且你可以因此大赚一票，你会做吗？

6. 你终于存够了钱要实现梦想：到世界各地旅游一年，但就在你出发之前，有人给你一个工作机会，可以让你这辈子过得相当舒服，条件是你必须立刻答应并上班。你仍会去旅游吗？

7. 你有个表弟古怪又聪明。他发明了一个古怪的茶壶，烧开水比普通茶壶省一半的时间。他需要20万元把它正式做好并申请专利。你会拿钱支持他吗？

8. 在一群有影响力的人面前高谈阔论可能会令他们不悦，但在一件你认为很重要的事情上，他们的论调你实在不能苟同，你会说出自己的想法吗？

9. 一家博物馆即将开幕，很多明星都会到场，场面非常热烈，但博物馆属私人性质，只有会员才能参加。你正好有合适的服饰，可以装扮得像大人物。这样也许能蒙混进去，也可能会被守门的识破，吃闭门羹，你会试吗？

10.你在荒郊野外开车，风刮得很大。你看到一条小路像是捷径，但路口没有指标，地图上也没写明，你会不会走这条“捷径”？

【计分方法】

以上各题选①代表 1 分，②代表 2 分，③代表 3 分。全部回答完毕后，替自己算算分数，求出总分。

【测试结果】

0 ～ 9 分：你害怕冒险，也不愿意去碰运气，因此，即使风险不大、可以成功的情况出现了也不自知，平白失去好机会。记住：适度的冒险可以增加较正面的自我形象，而这种形象正是所有成功的人都具备的特质。

10 ～ 20 分：你不会明显地害怕冒险，但通常信心不足。你可能会依赖别人的支持。你该花点工夫累积资料和经验，多尝试一些工作中自己没把握的部分，增加自己的信心。

21 ~ 30分：你通常很有信心，野心勃勃，具有很强的冒险精神，能充分利用各种方法，达到想要达成的目标。

**本章开篇问题的答案：**

1. 景区管理者在帕台农神庙维修时所用的矿石场里收集了一些大理石碎片，并把它们散放在神庙周围的地面上。游客以为碎片是从立柱上掉下来的，就把它们捡起来，心满意足地带回去，不再费力地敲打石柱了。

2. 买卖椰子的是一位慈善家。他高进低出，赔了很多钱，很快就从亿万富翁“缩水”为百万富翁了。（你认定百万富翁是一穷二白的人积累财富变成的吗？）

3. 将 4 杯半满的倒成 2 杯满杯，这样，满酒的杯有 9 个，半满的有 3 个，空的酒杯有 9 个，三个人就容易分配了。

4. 排成六角形。生活中我们进行排列时，一般总局限于竖排或横排。题目中的 5 人为一列，共为六列，总人数显然不够排。因此，只有打破常规，考虑让有的同学兼任两个队列的数目。这样一来，自然会排出六角形的形状。

# 第五章

# 新点子是这样产生的

一把雨伞有可能出现哪些问题？

什么情形下容易产生创意？

给头脑来场预热

做一个“蜘蛛网图表”

有用的分心

也许你需要一位倾听者

旧想法+旧想法=新主意

有主题，才有创新

备受嘲笑的悉尼歌剧院

晚年保守的牛顿

为灵感准备“储蓄罐”

为什么新点子容易溜走？

准备B计划

测试题：你的灵感特点是什么？

**一把雨伞有可能出现哪些问题？**

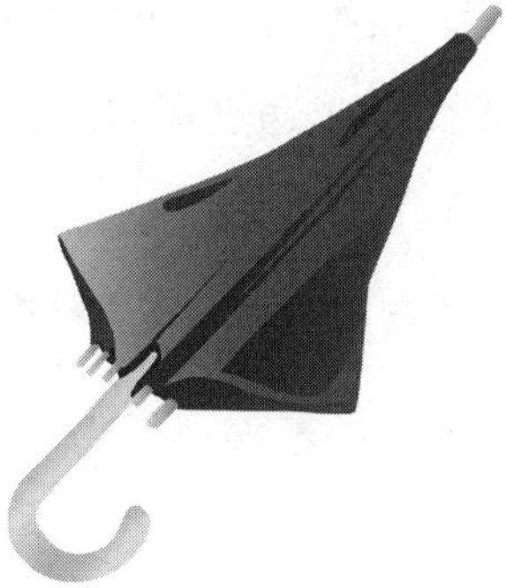

请把一切有可能出现的问题都列举在第 165 页，然后针对每一个问题，给出解决方案。

前几章介绍的是绕开问题的解决方法，但有时难以避免地，你只能直面问题。这也是你可能卡住的地方：要选择到哪里去度假，能想到的就只有以前去过的地方；写篇演讲稿，总是连开头儿都写不下去……

许多人都努力想一步到位地想出“好”主意，然后充满希望地研究这些主意，说不定其中一个是独创的。如果你想“打破盒子”，有时最好还是通过别的方式：先找些独创性的主意，然后看看能否用于实现自己的目的。本章中我们会看看激发新想法的方式，或在周围的环境里寻找灵感，或故意给自己头脑一震。

## 什么情形下容易产生创意?

一些条件为想法的产生提供了肥沃的土壤。如果了解这些条件，就可以一步步开始创新想法。那样，需要主意时就会更容易想出来，而不是等待灵感降临。

是什么让你的头脑冒出想法？一般而言，在以下情形中，你更可能有新想法：

## 有生成创意的理由

没有理由的话，是不太可能想出创意的。在20世纪90年代中期之前，人们很少使用互联网，因为基本没人知道有这么个东西存在。现在，数百万人有自己的个人网站，随时随地置身于可以触发创意的新情形之中。

## 必要性——发明之母

你知道怎么在大陆之外建立自己的家园吗？如果有一天你突然发现自己被困在一个荒岛上，那别无选择，学！需要时想法就会涌出来，所以面对——甚至创造——危机是产生想法的一种方式。

## 厌倦事物现状

对现状的不满是非常有效的想法激发器。比如，在19世纪的伦敦，公共下水道直接将污水排放到泰晤士河，使许多地方都臭气熏天，而政治家们对这“大恶臭”的治理却收效甚微。直到1858年夏天，泰晤士河的味道恶心得连国会大厦都关闭了。突然间，每个人都有了解决问题的办法，那就是伦敦沿用至今的排水系统。

### 看别人的想法

想法在群体中会像病毒一样扩散的。如果一个潮流引导者在后院建了个露天平台，突然间每个人都想要一个。你看别人发明东西或解决问题看得越多，越有可能找到自己的解决思路。

### 把创意“熬”出来

我们身边一直不乏各种各样的想法，但要让想法出众，还需要一种被哲学家亚瑟•凯斯特勒（Arthur Koestler）描述为“成熟”的思维状态。他说，人们在问题中沉浸得越久，就越可能成熟到有想法迸发。

**棘手的问题**

上世纪40年代，有一天，瑞士工程师乔治•德•梅斯特尔（George de Mestrel）在她妻子裙子上的拉链卡住时就想怎么找到一种更好的系衣服方式。几个月过后，他到山间散步时，看见他的狗狗身上粘着毛刺。那些毛刺有小钩子，挂在狗毛的小圈儿上。由于梅斯特尔的思想达到系钮问题的成熟阶段，他创造出了维可牢（Velcro®）尼龙搭扣概念。

"生活是不断尝试新鲜事物，看它们能否起作用。"

——雷•布莱伯利（Ray Douglas Bradbury，美国小说家，1920—）

## 给头脑来场预热

体育比赛之前，运动员都要热身。创新思维者也一样。如果你觉得没灵感或很疲惫，活跃一下头脑或转移一下注意力会有大不同的。

在脑力或体力不支时，以下几个小窍门可以充当你的“即时兴奋剂”：

### 身体活动

站起身来，四处走走，到外面散个步或慢跑一会儿都是可以提神的。活动能保证循环进行，使你更机敏。环境的改变也会刺激大脑。

### 振奋的音乐

据说听莫扎特的音乐有助于提升思维技能，这就是广为流传的“莫扎特效应”。但是，音乐不见得都要莫扎特，也可以是摇滚或流行歌曲。听那些对你恢复精力管用的音乐。

## 幽默一下

创新思维和笑声密切相关。我们笑的一个原因是听到了不合常理的事情。同样，创新想法也是在我们预期之外的。如果你觉得想法匮乏，那试试能让自己笑的事或人。

## 头脑刺激游戏

游戏和谜题是为创新思考准备的另一种理想方式。你也许愿意尝试一下以下的建议，自己也好，和朋友一起也不错。

可以独自也可以与他人一起进行的游戏：

· 想一本书的第一行

找一本没读过的书。在打开前试着猜猜开头会写什么。

· 明天的头条是什么？

预测第二天报纸的主要新闻报道通常比较简单，但新闻标题会是什么？看看电视新闻或听听广播，在真正看到报纸之前自己组织出简练的标题。

**小组游戏**

· 两件真事和一个谎言

每个人悄悄写下两件自己身上发生的事和一个编造的故事，然后依次读出自己写的事情，其他人猜哪个是假的。这个技巧旨在创造可信的谎言。

· 自创定义

轮流在词典里找一个生僻的词。每个人都试着写下一个定义，放到帽子里。字典上的定义也要放进去。读出每个定义，猜出正确的定义。如果有人认为你自创的定义是原始字典定义，你就得分了。

"创造力产生的条件是：感到困惑，专注，接受冲突和压力，每天重生，感到真正的自我。"

——埃里克·弗洛姆（Erich Fromm，德国精神病学家，1900—1980）

## 做一个“蜘蛛网图表”

简单地把头几个想法在纸上列出来也有助于思维流畅。但是，这些想法一般都不会很有逻辑或很有序，而可能指向四面八方。列到纸上，看起来会毫无联系。要是以图表的形式将它们表现出来，可能更说明问题。

组织想法的一个方式是用“蜘蛛网图表”（更专业的称法为语义图）。

在纸的中间写下想法的主题（如：“玛姬姑姑的感谢礼物”），这就是“蜘蛛的身体”。在周围写下相关的想法，然后用线将它们与身体连接起来，形成“腿”。给“蜘蛛”画多少条“腿”都行。进一步分类，当有新想法冒出来时，每一条“腿”还能分出其他“腿”来。

这种技巧的优势是可以从多个方向画出想法，而不是列表的唯一方向。同时能够以某种联系将不同想法连接起来，模仿了大脑运转的方式。有时你几乎能感觉到这种技巧像在从你头脑里往外拽主意，纸上哪部分是空的，它会央求你以新的分支和想法把空白填满。

喜欢这个技巧的粉丝们不只把它当作生成想法的工具，也会用在回忆信息、做笔记或组织讲话中去。要是觉得有效，你也可以将它应用于任何地方。

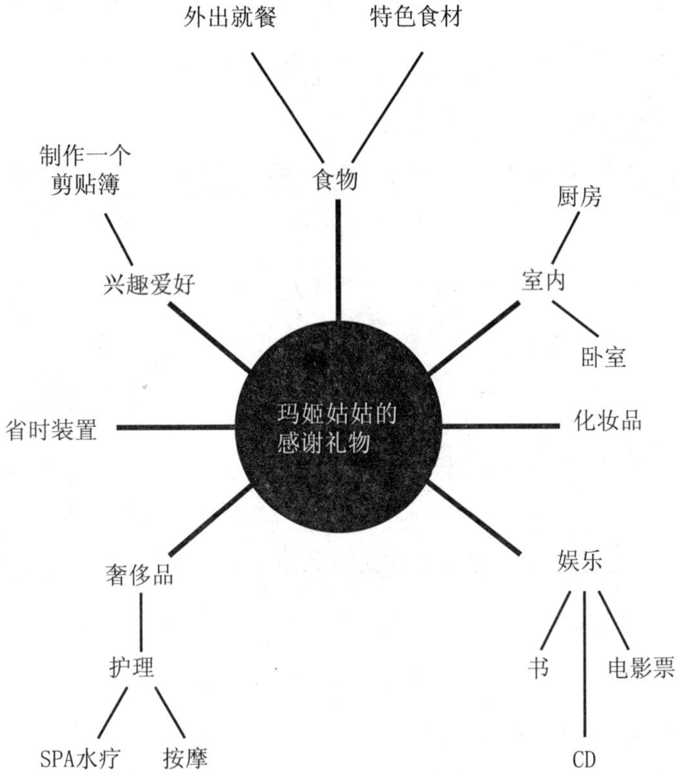

# 第五章 新点子是这样产生的

“你不可能用完创造力。使用得越多，你就拥有越多的创造力。”

——玛雅•安杰洛（Maya Angelou，美国女诗人，历史学家，1928–）

## 有用的分心

我曾问一个纽约的作曲家怎么创作新曲子：是随手抓张白纸就来还是等待灵感？他说都不是。只有当你做完全无关的另一件事时才会有想法。这个答案是许多创新职业人士的典型回答，也会对你有用的。

最佳的分心来源要属一件需要高度集中注意力的普通任务。对作曲家来说，可能是文件分类或研究，但也可以是与音乐毫不相干，如修剪草坪。你可以尝试做家务，或像智力拼图之类的需要手巧的活动。发明家托马斯•爱迪生喜欢钓鱼，他对鱼并没什么兴趣，只是想给自己些时间。

### 无关地方多灵感

心理学家沃尔夫冈•科勒（Wolfgang K•hler）说过，灵感会出现在任何地方。一位苏格兰物理学家曾告诉过他："我们经常谈论 3B：公共汽车（Bus）、浴室（Bath）和床上（Bed）。这些是我们科学大发现最多产的场所。"

首先，投入到挑战之中，比如写下自己的目标或做些调查。

然后，放下手中的事，休息一会儿。花在正事上的时间内，你可以制定目标和诠释问题。分神休息时，则可能有新想法从潜意识中冒出来。

"每人个沐浴后都有新的想法。正是那些沐浴完毕，擦干身体，并且做实事的人们才有所作为。"

——诺兰·布什诺尔（Nolan Bushnell，投币游戏机发明者，1943– ）

## 也许你需要一位倾听者

创新思考经常被当成独自一人的活动。但是，孤独法不见得对每个人都适用：事实上，它可能会导致思维堵塞。失去广角度理解，思维也会僵化。因此，一种激发想法的高效途径是与人共享。

英国教育家格雷厄姆·沃拉斯(Graham Wallas，1858-1932)在他《思维的艺术》一书中展示了“参谋”的好处。他引用了一个小女孩的话——有人要她在开口之前先确认真正要表达的意思时，她说：“我没说出来，怎么能知道自己想什么呢？”

要注意选对知己。你最需要一个好的倾听者，能让你不受干扰或嘲笑地解释出自己的想法，这有利于你重新整理和改善思路。你可能有过这样的经历：把自己的想法告诉别人，对方只是点头表示理解，什么都没说，最后你竟然还会说：“谢谢。真的很有帮助！”

被提问也是有用的。就算你对一件事考虑得再周全，也肯定有些细节是你事先没考虑到的，而对此事不太熟悉的人，为了完全理解，一定会试探性地提问。别人的思绪会带来新鲜的角度，扩展你的想法，而这个人并不一定要有满脑子的新灵感或新角度。在第六章中会有更多与他人一起创新的建议。

### 试试“角色扮演”

名人，特别是那些你崇拜的人，会是灵感很好的来源。你了解他们的态度和成就，以他们为榜样，也可以像扮演角色那样，从名人角度来解决问题。

#### 导演的偶像

比利•怀尔德（Billy Wilder）是电影史上最伟大的导演之一，他的经典作品有《热情似火》（Some Like It Hot）、《日落大道》（Sunset Boulevard）等等。怀尔德曾是许多导演的灵感源头，但他自己也有灵感来源——早期的创新导演恩斯特•刘别谦（Ernst Lubitsch）。他甚至在办公室墙上挂着一个牌，写着：“恩斯特•刘别谦会怎么做呢？”

## 你的偶像是谁？

正如比利•怀尔德的故事所示：即使是最成功的人士也有自己崇拜的人。我们对偶像的印象往往都是选择性扭曲的：我们只想听到他们的优点，而非他们的弱点。当然，对偶像的崇拜一旦变成英雄主义，就有点儿过了，但适度崇拜拥有自身渴望品质的偶像对每个人都是有好处的。

你愿意接受谁的影响？你崇拜他或她什么？在显眼的地方挂一幅偶像的图片——桌面背景、冰箱表面、车后窗等，把它当作持久动力，或者学学怀尔德，只挂一句话：“×××（你的偶像）会怎么做呢？”

## 向偶像寻求帮助

与其因找不到解决问题的方法而烦躁，不如从著名的成功者，或是解题高手，甚至是虚构人物的角度来思考。比如，想象自己在寻找一个阻止人们在墙上涂鸦的方法，有三个名人可能会解决这个问题——这是个简化观点，但可能会为你提供点儿精神食粮。

· 约翰•列侬（John Lennon）可能会按他的名言那样：“给

和平一个机会”，和捣乱者们讲理，或许他会把那些墙变成“和平墙”，允许友好非暴力主题的涂鸦。

· 多萝西（Dorothy,《绿野仙踪》人物）可能会情绪非常激动，用泪水触动捣乱者的心弦，让他们感到内疚，意识到自己的破坏给别人造成了多大的影响。

· 夏洛克•福尔摩斯（Sherlock Holmes）可能会客观地寻找证据，查出是哪些涂鸦艺术家们提供材料以及什么时候作的案，同时也会比那些装模作样的警察们发现更多、更微妙的迹象。

### 成功者和解题高手

以下的每个人物都有着独特的思维习惯。借用他们的思维习惯，你可以为自己的想法开辟出新的通道。

超人 / 克拉克•肯特 (Clark Kent)

温斯顿•丘吉尔（Winston Churchill）

纳尔逊•曼德拉（Nelson Mandela）

加里•格兰特（Cary Grant）

史蒂芬•霍金（Stephen Hawking）

奥普拉•温弗瑞（Oprah Winfrey）

奥黛丽•赫本（Audrey Hepburn）

麦当娜•西科尼（Madonna Ciccone）

比尔•盖茨（Bill Gates）

罗拉•克洛夫特（Lara Croft）

泰格•伍兹（Tiger Woods）

玛吉•辛普森（Marge Simpson）

“推陈出新是我无上的诀窍。”

——莎士比亚（William Shakespeare，英国剧作家，诗人，1564–1616）

## 旧想法 + 旧想法 = 新主意

我们很少能生成真正原创的想法，但可以很轻易地把旧的想法组合一下，从而得出新想法来。如编舞者崔拉•莎普（Twyla Tharp）所说："没有真正的原创。荷马或莎士比亚都不是，当然你也不是。想开点儿。"

所有新主意，某种程度上，都是旧模子的重组，但这并不妨碍结果的激动人心。音乐就是一个很好的例子。OASIS 绿洲乐队是近期最为成功的摇滚乐团之一了，他们身上有很多披头士的痕迹。披头士又受摇滚乐、印第安音乐和中世纪教会音乐所启发。他们的才华就是把这些影响与现代歌词和乐器结合起来。

把平常不搭的东西简单组合起来，就能马上出新。比如：下表列出了常搭配的食品名称，要尝新，你可以从左栏中选一个，再从右栏中选个"常规"以外的，然后搭配烹饪。

| 主 食 | “常规”伴侣 |
| --- | --- |
| 汉堡 | 烤肉酱 |
| 牛肉 | 山葵 |
| 猪肉 | 苹果酱 |
| 鸡肉 | 咖喱汁 |
| 培根 | 煎蛋 |
| 冰淇淋 | 草莓 |
| 薄烤饼 | 枫糖汁 |

冰淇淋和咖喱汁……薄烤饼与山葵……牛肉与草莓……汉堡与枫糖汁？这样的搭配绝对是挑战味蕾的，听起来就像是一场烹饪噩梦一般，但也许仅仅是因为你从来没这么吃过。也许你会发现有些新组合其实还挺好吃的！

英格兰南部布雷（Bray）有家肥鸭餐厅（Fat Duck），这是世界上最知名的餐厅之一，以其创新菜品赢得三枚“米其林之星”。餐厅老板赫斯顿•布鲁曼索（Heston Blumenthal）会把平常不搭的食物配在一起。他们供应的美味中就有培根鸡蛋冰淇淋、蜗牛粥和巧克力香烟等。

在任何创新领域，新主意都能由旧的想法结合而产生。许多新成果都来自于我们生活中的常见用品，如洗护二合一的洗发水，或带橡皮的铅笔。

· 时尚

新时尚一般就是旧潮流的重组。一些设计师故意在新作品中加入一些复古元素，如薇薇安•韦斯特伍德（Vivienne Westwood）的设计就是基于18、19世纪的裙子。还有一个例子就是牛仔裤上套裙子的混搭，2005年它曾在欧洲和北美风靡一时。

· 电视节目

许多热门的节目也是老主意的混搭。吸血鬼恐怖片和高中喜剧貌似无关，但二者融合变成电视剧《吸血鬼猎人巴菲》（Buffy the Vampire Slayer，又译《魔法奇兵》）却大为成功。智力竞赛节目中，多项选择搭上现金奖励就成了大热的收视王：《谁想成为百万富翁》（Who Wants to be a Millionaire?）。

· 科技

许多成功的科技想法都源于日常功能的组合。在有人聪明地想出带钟收音机之前，数字钟和床头收音机都各自工作了好多年。混合动力车概念出现之前，石油（汽油）车和电车都是长期同时存在的，现在，两种能源在混合动力车上都可以用。

**这是飞机，还是直升机？**

技术结合的一个典型例子是 V22-Osprey 鱼鹰，一种既有旋翼又有固定机翼的军用飞机。V22 鱼鹰可以像直升机一样垂直起飞和着陆，也可以让旋翼向前旋转，像普通固定翼飞机那样飞行。

只简单地把旧有事物组合起来能创造出什么新理念？想两个需要产生创意的事件，然后合并，比如“婚宴”遇上“花园翻修”、“换沙发面”碰到“个人网页”、“瘦身”邂逅“澳洲假期”，面对这样的组合，你定会情不自禁地想出些新主意的。

“人具有动物所没有的东西——创造性、想象力。”

——马克斯韦尔·莫尔兹（Maxwell Molts，美国整形外科医生）

## 有主题，才有创新

如在第 55 页的“随机词语”练习中所见一样，表达想法的自由空间越大，就越难找到灵感。确定一个主题反而可以给思想一个头绪，才更有成效。

如果一个项目没任何限制，太过自由，你可能会面对无尽的选择而不知所措，而且，要是你不太细心的话，可能会从一个主意很快跳转到另一个，最终哪个也成不了气候。有一个主题，不但不会束缚你，反而能将你的注意力集中起来。这就是为什么在主题服装或化装舞会（如“英雄和坏蛋”）上，人们往往比邀请函上只写着“请着正装出席”的聚会上穿得更富于想象力。

怎么选主题没有规则，看见了自然而然就知道了。一旦选定主题，就应该尽量坚持，以发现所有相关的可能性。

可以尝试的主题包括一种颜色或一个形状，或生活中一个具体事件（如孩子第一天去学校）。另外，你也可以从名人的生活或活动中寻找灵感（见第 135 页）。有时，一个主题可能来自于当前项目的一个角度（见下面的例子），若真是这样，继续下去吧。

## 著名的主题创作

这里有些例子，展示了特定主题在音乐、建筑和文学中的应用。

· 为电影创作音乐

电影音乐创作者们通常都从片名中汲取灵感。曾为许多大型战争影片制作音乐的罗恩•古德温（Ron Goodwin）就特别钟爱这种技巧。在电影《633 轰炸大队》（633 Squadron）中，他运用片名来营造主旋律：快六拍后紧跟慢三拍（1-2-3-4-5-6- 一 - 二 - 三）。

· 建起一栋楼

1956 年建立的好莱坞国会唱片大厦是世界上第一栋圆形办公建筑。国会唱片（Capitol Records）的主要业务是销售唱片，所以建筑外形的灵感很简单，也很基础：一幢看起来像唱机转盘上的一叠唱片似的楼。现在，圆形横截面的办公楼已经遍布全球。

· 创作一个故事

无数书中的故事都是在一个简单的主题上组织起来的。它可能是某个地点，如泰国海滩成就了《海滩》，或一个物体，如维梅尔（Vermeer）那幅油画启发了《戴珍珠耳环的少女》（Girl with a Pearl Earring）。一个极端的例子是乔治•佩雷克（Georges Perec）的一部法语小说《失踪者》（La Disparition），他限制自己不能使用字母“e”，这就强迫着他去最大限度地搜寻词汇和表达。

“想出新办法的人在他的办法没有成功以前，总被别人说成是异想天开。”

——马克•吐温（Mark Twain，美国小说家，1835–1910）

## 备受嘲笑的悉尼歌剧院

奥托•冯•俾斯麦（Otto von Bismarck）曾说：“喜欢香肠和尊重法律的人们永远不该看二者的制作过程。”创新或多或少也是同一个道理。我们看到的只是灵光一闪后的杰出作品，而很少看到灵光一闪之前的混乱过程——死胡同、争吵和无望的原型。这里有几个我最喜欢的例子。

丹麦建筑师约翰•乌松（Jørn Utzen）设计的悉尼歌剧院是澳大利亚最具标志性的建筑之一，而以海港大桥为背景的歌剧院风景也成为世界上出镜率最高的风景之一。谁能想到：歌剧院的设计和建设，曾一度成为被嘲笑的对象。

设计师的想法简单而美妙：用一座建筑象征一艘途经海港的高大帆船。最初的设计是互锁屋顶，外形和如今看到的差不多，但每个屋顶都是非常复杂的曲线形，要铺上瓷砖极其困难，花费也极其昂贵。直到有人想出把屋顶造成球面扇形后，这个问题才得以解决。

过度超支、折衷方案和紧急关头的设计变化一直困扰着整个工程。但历经16个春秋之后，当歌剧院完工时，公众包容了一切，全世界的人都很喜爱它。

## 青霉素的发现

许多药物的开发过程中一直都充斥着偶然的发现和疏忽，其中最著名的例子要属青霉素了。一天早上，苏格兰生物学家亚历山大•弗莱明（Alexander Fleming）回到实验室，发现一些从窗户吹进来的尘埃杀灭了他正在培养的细菌。那种入侵的物质是一种叫特异青霉的霉菌。更罕为人知的是，这件事发生在1928年——离青霉素第一次成功用于治疗人类疾病隔了足足13年之久。

这个发现长期休眠是因为弗莱明觉得这没什么实际用途。后来，英国和美国的科学家们历经艰难、绞尽脑汁，进行了无数次反复试验后，才把青霉素成功地运用于医学领域。

一氧化二氮，最早使用的麻醉剂之一，也有着类似的来历。这种气体最初是在1795年被发现的，但接下来的50多年里仅仅作为笑气被用于娱乐。一天晚上，在一次笑气演示中，一位用了笑气的志愿者划伤了腿，却没有任何察觉。一位牙医正巧注意到这种效应，很快就想到这将是个很好的应用。

## 《昨天》和其他歌词

一首歌一旦进入到流行音乐界，它的歌词就成为我们文化的一部分，不再改变。人们很少注意到，歌曲和其他创作一样，也是经过无数次修改和调整后才成为最终呈现出的样子。

多数歌曲都以零星片段或想法开始。保罗•麦卡特尼（Paul McCartney）讲述他怎么在头脑中完成《昨天》一歌的谱曲时说，没想出词的地方，他就用“炒蛋”填充——只是为了填补节奏而已，否则就不会有被流行传唱的潜质。

## 可口可乐穿上紧腿裙

最初的可口可乐是装在杯子里面出售的。虽然后来改成瓶装，但销售状况却并不理想。直到1923年的一天上午，美国一家玻璃瓶厂的工人路透的女友过来看望他。当时女友穿的是非常流行的紧腿裙，这种裙子在膝部附近变窄，突出了人体的线条美，因此深受女性的喜爱。

路透在同女友约会之后，突然产生了一个奇怪的想法：既然紧腿裙如此漂亮，那为什么不把现在这种又沉又重的可口可乐瓶设计成紧腿裙的样式呢？

于是，他迅速按照裙子的样式制作了一个瓶子，然后作为图案设计进行了专利登记。完成这些工作后，他将瓶子带到可口可乐公司。当时可口可乐公司的史密斯经理看到瓶子之后大为赞赏，马上与路透签订了一份合同，约定每生产 12 打瓶子便付给路透 5 美分。截至目前，这种瓶子的生产数量已经突破了 760 亿只，而路透所得到的金额也高达 18 亿美元。

## “福神渍”酱菜的前生今世

日本人山崎理左卫门年轻的时候因经商失败不堪打击，失魂落魄地站在河边，想跳河自杀。那一天恰好是日本民众举行“丰年祭祀”的日子。在这一天，人们喜欢将生姜、丝瓜、莲藕、萝卜之类的新鲜蔬菜投放到河流之中，以祈祷与庆贺丰收。他颓唐地站在河边，望着河面上这些飘浮的蔬菜，脑袋里突然闪现一个念头：让这些蔬菜白白流走，实在是太可惜了，该想个什么办法将它们利用起来。原本一心寻死的他，此刻却猛然想到了一个可以让自己东山再起的办法。他立即脱下衣服跳入河中，将所有的蔬菜都捞上来带了回去，然后切碎做成酱菜来卖。由于他的酱菜风味独特，吃过的人都赞不绝口，因此生意越做越好。因为这种酱菜将他从死亡的边缘拉了回来，又带给他幸福和财富，因此被命名为“福神渍”。后来他又成立了酒悦公司来制造这种酱菜，向全国推销。在他去世之后，他的子孙又把这种酱菜改为罐头装后推向国际市场。如今，“福神渍”罐头已享誉世界。

## 蛋卷冰淇淋的产生

1904 年，一个叫欧内斯特•汉威的纽约小贩在圣路易斯世界博览会开幕的数月前，获得了蛋筒制作模具的美国专利权。圣路易斯世界博览会开幕之后，他又获得了在博览会上设摊出售蛋卷的资格。当时他做的是由一种很薄的鸡蛋饼卷成的蛋筒，可以同其他甜食一起食用。在他的小摊旁边，则是另一个用小盘子卖冰淇淋的摊位。有一天，他们俩的生意都特别好。卖冰淇淋的小贩把盘子用完了，而小摊前面还站着很多急需购买冰淇淋的顾客。小贩看着自己就要失去这么好的赚钱机会了，非常着急，而欧内斯特•汉威也在一旁替他着急。一急之下，汉威灵机一动，想出了一个办法：他把制作出来的鸡蛋饼趁热卷成了一个圆锥形，将其放凉之后代替盘子盛装冰淇淋。让他没想到的是：这个应急措施很受顾客的欢迎，甚至被众人称赞为“世界博览会上最无与伦比的食品”。就这样，这种老少皆宜的可口蛋卷冰淇淋在不经意间诞生了。

## Post -It® 便利贴

现今，Post -It ® 便利贴已经成为办公室和家里的常用物品了。有时想想：这么有用的东西竟然是最近几十年才出现的，真是不可思议。

1968 年，3M 公司的化学家斯宾塞•西福（Spencer Silver）发现了一种粘性很弱的粘合剂。为了给这种粘合剂寻找一个用途，3M 开发了 Post -It ® 布告牌。它的表面是粘性的，所以就不必用图钉了。可惜的是，产品推出后并没有取得成功。

下一个主意来自 3M 公司的工程师亚特•弗赖伊（Art Fry）。一天，他坐在沙发上看书，用作书签的小纸片总是掉下来。他被弄得很烦，就想到用 3M 胶做个有微弱粘性的书签。他在公司里尝试宣传自己的想法，但基本没人感兴趣。事隔不久，他又有了第二个灵感，在一张粘性纸条上乱写点信息，贴到文件上。这个想法一下火了。1980 年，他们推出了一款 3M 胶产品，这就是 Post -It® 便利贴。

同样的情况屡见不鲜：许多对创新的认可都发生在事成之后，而创新过程却非常艰辛，充满不确定因素。如果你所进行的项目也有这样的遭遇，别灰心，它很可能会成大器。

"聆听他人的原始想法，不管它最初听起来多么荒唐可笑。如果你禁锢人们的思想，就只能得到很多盲从者。给他们自由发挥的空间。"

——威廉·麦克奈特（3M公司首席执行官）

## 晚年保守的牛顿

物理学家劳厄曾说："重要的不是获得知识，而是发展思维能力。教育无非是一切已经学过的东西都遗忘掉的时候所剩下来的东西。"的确，随着时间的推移和阅历的增长，我们的思维会在不知不觉间被一些陈旧学说和权威观点所束缚。要想提高自身的思维能力，只有打破常规，突破束缚。

毫无疑问，艾萨克·牛顿爵士是人类历史上出现过的最伟大、最有影响的物理学家、数学家和哲学家。他对科学的贡献是史无前例的。在他的一生当中有许多伟大的发现，如：万有引力、力学三定律、光微粒说、光学环、冷却定律以及微积分等等。然而到了晚年之后，他却陷入了亚里士多德的柏拉图学说当中无法自拔。虽然他花费了10年时间来研究上帝的存在，但结果自然是毫无所获。可见，即便伟大如牛顿这样的学者，一旦被陈旧保守的思维所束缚，同样也不会产生丝毫的成就。

## 在权威面前

马克斯·普朗克不仅是德国著名的物理学家，量子力学的创始人，也是 20 世纪最重要的物理学家之一。他因发现能量量子而对物理学的进展做出了重要贡献，并在 1918 年获得诺贝尔物理学奖。量子力学的发展被认为是 20 世纪最重要的科学发展，其重要性可以同爱因斯坦的相对论相媲美。

然而 1900 年的一天，他和儿子在花园散步的时候，却神情沮丧地对儿子说："亲爱的，真的非常遗憾。今天我有了一个重大发现，它的发现甚至和牛顿的发现同样重要。"原来，他当时提出了量子力学假设及普朗克公式，但这一发现推翻了牛顿的完美理论，这可是他一直崇拜并虔诚地信奉为权威的理论。权威存在的意义本应使人类受益，但普朗克却因权威而受害。在权威面前，他退缩了，最终宣布取消自己的假设。这一决定导致物理学理论的发展停滞了几十年。

然而，年轻的爱因斯坦则敢于挑战权威，大胆突进。他非常赞赏普朗克假设并向纵深引申，提出了光量子理论，奠定了量子力学的基础。随后他又打破了牛顿的绝对时间和空间的理论，创立了震惊世界的相对论，一举成名，成为一位更加伟大的权威。

## 氧的发现

物体为什么会燃烧？在18世纪，最权威的理论说法是德国化学家施塔尔等人提出的“燃素理论”。该理论认为：一切可以燃烧的物质都是由灰和“燃素”组成，物质燃烧后剩下来的是灰，而燃素本身变成了光和热，散逸到空间去了。这样一来，燃烧后物质的质量应当减轻，但人们发现，炼铁时燃烧过的铁块的质量不但没减轻，反而增加了，锡、汞等燃烧后，也都比原先重。为什么燃素跑掉后，物质反而会增加呢？随着欧洲工业革命的发展，金属的冶炼和煅烧在生产实践中给化学提出了许多新问题，冲击着燃素理论。

1774年8月，英国科学家普利斯特里在用一个直径达一英尺的聚光透镜加热密闭在玻璃罩内的氧化汞时得到了氧气。他发现物质在这种气体里燃烧比在空气中更强烈，就称这种气体为“脱去燃素的空气”。虽然普利斯特里独自发现了氧气，但他由于墨守陈旧的燃素学说，所以并不知道自己找到了什么。

同年10月，普利斯特里来到巴黎，将自己的实验情况告诉了当时正在研究磷、硫以及一些金属燃烧后质量会增加而空气减少问题的法国著名化学家拉瓦锡。拉瓦锡听后，立刻意识这个实验的重要性。他马上重复了普利斯特里的实验，果真得到了一种支持燃烧的气体。他确定这种气体是一种新的元素，并第一个将其命名为氧，然后又通过思考研究最终建立了燃烧的氧化理论。

这完全称得上是化学史上的一次革命。为此，我们除了对拉瓦锡敢于从陈旧学说上迈过一步的勇敢精神表示钦佩之外，也对普利斯特里被陈旧学说束缚而叹惜。

探索真理比占有真理更为可贵。

——阿尔伯特•爱因斯坦（Albert Einstein，理论物理学家，1879—1955）

## 为灵感准备“储蓄罐”

主意好，很多时候还不够，时机也很重要。许多好主意都是因为出现的时间不合适而最终流产，甚至都没被记录下来，但旧主意却是灵感的最好来源之一。

有些想法会在一些非常不方便的场合出现：洗浴中，开车中或凌晨 4 点失眠时。要是不记录，很容易就会一掠而过，最后被忘却。随身携带笔记本和笔是必要的，至少你要在手边准备一套，放在车内或床头。

专门给从未用到过的想法整理出一个文件夹。以后，当你头脑空空时，可以回顾一下，说不定能找到灵感。草稿、信封上草草写下的内容和简单的勾勒等，都应该收藏起来。

如果你归档特别认真，可以把主意分类整理到不同的文件夹中。如果你是那种粗线条的人，像我一样，那就把所有匆匆记下的东西扔到一个文件夹中。点子的随性混乱正好符合思想在将来某个时刻所需要的那种灵活性。

“可能性缓缓燃烧的导火线是由想象点着的。”

——艾米莉•狄金森（Emily Dickinson，美国女诗人，1830—1886）

## 为什么新点子容易溜走?

想加强技能、发挥想象力，需要合适的环境和恰当的话题。当然，留出时间也很重要，但是你要记住，想法并不总能塞到时间表中去。灵感来临时，时刻准备好应用。

周末满脑点子、满心兴奋，而周一早上却烟消云散，这是怎么回事?

这种心理能量的重大转换源自三个因素:

· 周边的人——你的态度可能会取决于他们是否有兴趣、是否接受你的想法或是否伤到你的信心。

· 地方——满是人的酒吧可能让你兴奋，艺术长廊让你沉思，而老板办公室则让你紧张。

· 主题——如果你对某事着迷或了如指掌，就会有许多想法和观点，但如果一无所知或缺乏兴趣，情况则恰恰相反。

要多和给你信心并听你想法的人在一起。找一个让你有灵感的地方。如果主题让你不感冒，那就想办法让它更刺激。

## 为新点子的诞生留出时间

想进行创新项目或工程，就要制定计划并坚持实施。提前腾出一两周的时间，脑子里要想好一个想要完成的任务。你越专注于一个具体活动，那个活动就会在头脑中占据越重要的地位。以下几步应该有助于你坚持计划:

### 分配出合理的时间

如果你留出一整天，那么你很可能无法从日程中抽出这么一大块儿时间，但如果只分配十分钟，你就没理由抽不出时间了。如果连十分钟也抽不出来，那你就得检视下自己安排生活的方式或看看自己的动机了。

### 避免分心

有时，别人的要求可能会侵占你定好的创意时间。为避免被计划外事情所影响，你可以把进行创新活动的场所定在别人打扰不到的地方。在日程上用红色粗笔做标记，这对你和每个人都非常重要。

## 要有资金投入

防止临时放弃的最佳办法或许是花钱。取消免费的安排很容易，但哪怕只花了一点小钱买了张票、订了个房间或雇了个专业人士，你就不会那么轻易取消安排了。

"就观察而言，机遇偏爱有准备的头脑。"

——路易士·巴斯德（Louis Pasteur，近代生物学奠基人，1822–1895）

## 准备 B 计划

当你沉迷在一个想法中后，可能很少去想其他途径。有个大创意当然是激动人心的，但花个把小时或几分钟想出一个“B计划”还是有必要的。

想个B计划并不容易。当你卡在一个势头猛烈的想法中时，真的很难放手。如果那想法能用还好，但更多时候，你回想起来就会发现，那个想法其实有诸多纰漏，并不那么理想，而B计划在此时不仅可以备选，还常常会提升主要想法的质量。

### 有用的催化剂

一个团队的任务是为宣传博物馆中一个新科学展览想创意。他们死盯在一个创意上：让员工打扮成原子的样子，连起来象征分子，在市里走来走去。有人建议他们花点时间准备一个B计划。有些人不太乐意，因为他们喜欢当前的创意，但是，他们还是在十分钟之内制订出了个在列车上打广告的备选方案，之后就又回到头一个创意中去了。结果是，他们把二者结合起来：车厢变成了原子，连结起来就形成了分子。

“最成功的人往往是那些善于准备计划B的人。”

——詹姆斯•约克（James Yorke，美国数学家，混沌理论专家）

## 测试题：你的灵感特点是什么？

一直以来，灵感都是一个只可意会不可言传的东西。它是头脑中的灵机一动、神来一笔，虽然稍纵即逝，但又真实地存在。对大多数人来说，灵感是可遇不可求的，但它并非只是艺术家和创作者的专利。根据下列测试来寻找你的灵感特点，以便得到更多神谕般的启示。

1. 你总喜欢睡懒觉。当上班迟到被上司批评时，你是否会从内心产生抵抗和厌烦？

是（5分）否（3分）

2. 如果将所有课程大概区分为文科和理科，你更喜欢哪个？

理科（5分）文科（3分）

3. 你是否认为放弃升职竞争，积极参加各项活动也是自己价值的体现？

是（5分）否（3分）

4. 当你得知你最信任的朋友竟然在背后说了一句很伤你自尊的话，你会特别生气，甚至与他断交吗？

是（2分） 否（5分）

5. 你是否认为即便是大人物，也有很多的不完美，也会犯错，所以，他们的话并不能过于相信?

是（5分） 否（3分）

6. 在化装舞会上，一位陌生的美貌异性一直注视着你，你会选择怎样的方式回应?

以同样的方式回应（5分） 漫不经心地看对方一眼（3分）

7. 工作很累的时候，你会对别人的意见或批评感到强烈的抵触或恼火吗?

是（2分） 否（3分）

8. 你买到一件很喜欢的衣服时，会从什么时候开始穿它?

带回家等该穿的时候穿（3分） 试穿后觉得满意就直接穿走（5分）

9. 和朋友在外面吃饭时，发现一位你很崇拜的名人也在这里用餐，你会怎么做?

远远地欣赏（3分） 走到对方桌前请求签名（5分）

10. 对于一个你并不喜欢的人，你是否也会非常真诚地送去“节日快乐”的祝福?

是（5分）否（2分）

【测试结果】

30分以下：你是个比较务实的人。你的灵感来源于冷静的思考和对事实的验证。你总喜欢依据事实进行思考，并在考证中验证自己的观点。不过，这种思考方式导致你在与人互动时无法充分考虑别人的感受。虽然尊重事实和言行一致能使你获得一定的成就，但想到什么就说什么的行为容易让你在事不如愿的时候产生猜疑或爆发不满，从而伤害别人。

30～35分：你的灵感主要来自经验与兴趣。你是个比较有专项天赋的人，在同一件事情上钻研到一定程度时，便会得出比别人更加深刻的见解。另外，你还善于把各种经验进行相互联系并得出新结论，但这一切都取决于经验的积累，所以，你最初并不能把事情做好，而失败感往往让你感到受伤，进而变得脆弱和逃避。

35～40分：你是个有个性的人，善于从不同的角度去审视问题，经常能从逆向思维中开创与众不同的风格，同时你又有固执的一面，很讨厌别人干涉你的事情，甚至有时候会显得偏激。正是由于这种拒绝干扰的行为，导致你无法真正看待和接受别人那些好的建议，久而久之，容易形成任性的偏见，使你看不清事物的真相。

40 分以上：你很有灵性，而且拥有敏锐的直觉，能够从一些看似不相干的事物中发现新的联系，从而经常在别人想不到的地方独树一帜。这种个性虽然使你在待人接物上比较敏捷，但多疑的思维方式也很容易让你把别人无意中的语言或动作按照自己的好恶进行归类，并把一些根本不相干的事情联系起来，导致对别人的间接伤害。

## 雨伞容易出现的问题

· 伞骨会折断。　　　　· 乘车时伞会弄湿其他乘客。

· 伞尖容易刺伤人。　· 折叠时很麻烦。

· 撑伞的手不能再派其他用途。

……

你还想到哪些问题?

______________________________

解决问题的方案:

· 将伞骨进行特殊处理，增加其强度。

· 在伞外增加雨水收集器，不让雨水洒在外面。

· 将伞尖做钝化处理，或干脆去掉伞尖。

· 改变折叠方法。

· 设计能够悬浮在主人头顶，自动跟踪主人的雨伞，就可以将双手解放出来。

你为自己的问题想到了哪些解决方案?

______________________________

# 第六章

# 大家一起玩创意

没油的圆珠笔的101个用途

如何组织一场成功的讨论？

创意分享和创意推销

团队思考的危险因素

头脑风暴要遵循的四大原则

口舌之争

要建议，不要主张

拒绝要慎重

寻找第三方案

许多真理性的语言是在玩笑中诞生的

测试题：你的沟通能力有多强？

## 没油的圆珠笔的 101 个用途

请你的创意团队一起来做这个练习：每人准备一支铅笔、一张纸，想象你拿到一支便宜的透明塑料圆珠笔。这支笔有个大缺陷：没油了。花一分钟时间，每个人在纸上写下所有你能想到的这支没油笔能做的事。

预备……开始！

一分钟时间到了以后，请某个成员大声念出自己的答案，再请其他人做补充，看看大家总共想出了多少种不同的方法。在交流的过程中，很可能你受到启发，又想到更多的方法，把它与其他人分享，也可能激发起别人更多的灵感。

创新思维不见得一定是独立进行的。产生创意的最有效方法之一就是与别人分享。成对或成队都可以制造主意泉涌的能量。

但与别人一起创新也会有各种问题出现。我们生命中大部分时间都用来与人交流，自以为天生就知道如何与人合作。悲剧的是，事实并非如此。当人们的观点出现分歧、头脑发热时，能做到不去相互冒犯或敌对，而是“跳出盒子”思考是很不容易的。这种情况下，你就要使出些老练的手法来引进新创意。本章着重研究多人共同交换想法时常出现的问题，并提供一些克服问题的实用方法。

## 如何组织一场成功的讨论?

只要方式恰当，与他人交换想法会很有趣。要是每个人都自由自在地贡献自己的想法，就会收到很好的效果。但情形并不一定总是这么理想，因此你得要努力营造一种让每个人都觉得舒适和受尊重的氛围。

你会想当然地认为激发创造力的讨论是个很简单的过程：一个人说一个想法，然后另一个补充或评论。随着思想的交流，一个绝妙的创意迸发出来，那一刻一切静止。但是，现实生活中却不是如此。

事实是，各种因素都可能会阻碍思想的自由交流。以下这些是最大的障碍：

· 紧张

不说出来，你永远都不知道别人会怎么看待自己的想法。“他们会笑我吗？”或“这个主意会让他们不高兴吗？”之类的疑问就足以让你不敢大胆说出自己的想法，缺乏自信时更甚。毕竟，什么都不说，要比开口说了被别人嘲弄好。

· 地位

好多时候，参与讨论者地位差异会很大：你和你的上司，你和你的助理，或专家和新人。双方都会非常谨慎地提议：地位低的人担心自己的想法太天真，甚至失礼；地位高的人也不愿意出个“蠢”主意，冒威信降低的风险。

· 相反的观点

如果你的观点与周围人没有共同之处可言，那几乎不可能有什么想法涌出。每次你听到一个想法就想要否定，同样，你的提议也会被拒绝。你什么时候见过一个共和党政治家与民主党成员愉快地交换意见？什么时候一个特创论者与进化论者能兴致勃勃地交流思想？根本就没有过！

· 思考节奏

人和人的思考节奏是不一样的。在讨论过程中，有人发现等他或她有了成型的想法后，大家早就换下一话题了，所以就保持沉默了。你是那种反应很快的，还是需要时间思考的？

**增加互动**

想与别人更有创意地合作，可以通过一些方式来增加互动。

要设一段无偏见思考的时间，这样大家都知道说出想法后会比较稳妥，不会受到奚落。

要选善于倾听的参与者，他们的观点你也要尊重。

要留出些个人思考的时间，这样每个人才能跟得上大家的思想进度。

不要选择那些与你观点完全对立的人（即使选了，也别指望他们能接受你的任何观点）。

# 第六章 大家一起玩创意

"踩着别人脚步走路的人，永远不会留下自己的脚印。"

——阿尔伯特•爱因斯坦（Albert Einstein，理论物理学家，1879-1955）

## 创意分享和创意推销

当你和别人进行创意讨论时，会发现自己的时间分成了两部分：一部分时间提供想法给别人，另一部分时间接受别人的思想。你要高效地运用每部分时间，以把握产生创意的最佳机会。

为什么要和别人分享你的主意呢？也许你想试探他们的看法，也许你需要与他人一起合作，也许你想要说服他们接受你的观点。每一种情形都算作是“创意分享”，但还需要不同的技巧来保证创意结果的出现。

### 如果你在试探一个想法……

让同伴了解你要什么样的反馈。有时，你说明想法只是为了获得支持。如果你已下定决心要辞掉工作环游全球，那你最不想听到的会是：“什么，你疯啦？那你的事业就完了！”所以，在说出想法之前，要先表达出你想要听到的回应：“我需要鼓励，要挺我，告诉我坚持的理由！”

另一方面，你可能在试探一个想法是否可行，寻求建设性评论。想法还不成熟时，要提醒听者它还需完善，请他们给出些如何改善的建议。

**如果你和他人一同想主意……**

开始时你们要设立一些基本规则，以保证交流顺利进行，避免跑题。最简单的规则是开始要有一段时间阐述自己的观点，别人不要加入任何评论。这个规则要是不在开始时设好，很可能有人会过快地批判别人的观点，出现相互抨击的局面。

每个人自然对自己的观点更为感兴趣，但不要以为你的想法就会全被吸收或记录下来。要是你的有些想法没被别人所采用，那就自己记下来，也许会对自己有用。

**如果你在“推销”想法给别人……**

你也许很确信自己的想法优点多多，但怎么让别人“买你的账”？想象你要向一位犹豫的购买者推销一件产品。首先，要吸引他的注意力，让他关注你的想法。然后告诉他这个想法的好处，包括可能产生的机会。最后，与其把这个想法当成一件成品摆设出来，不如让别人加以改造并在其基础上发挥。人们一般更容易接受让自己有参与感或主人翁地位的创意。

## 做个有创意的创意接收者

大家可能都愿意当创意分享者，毕竟听起来更有原创者的感觉。其实，更重要的角色应该是创意接收者。

请朋友或同事帮你想创意时，他们可能会提供充足的素材，也可能只有寥寥几个干巴巴的想法，这在很大程度上取决于你对他们提议的回应。下面有几个贴士，教你如何做个有创意的创意接收者。

## 说明你的需求

清楚地解释问题，告诉别人你在哪些方面需要帮助，否则怎么指望他们给出称心的主意呢？这一点看似显而易见，但有好多时候你向别人寻求意见，得到的回馈却只有沉默，因为别人不知道你的需求，不知该如何回应。给听者简明阐述清楚问题，才更益于充分利用他们的贡献。

### 欢迎各种建议

不要把创意的标准设得太高。如果高了，可能一条建议也收不到，因为提议者会自我筛选。可以给出些宽泛的说明，如“请你给我出点儿主意，没啥要求，有什么说什么。”为了让提议者更自在，你可以故意举一个较弱的或较傻的主意当例子。听者自然会更有信心，认为自己的好很多，更可能做出贡献。

### 时时回应

不管何时收到一个提议，都应该认可，并最好给一些有用的反馈，否则，提议者就会觉得没发挥作用或你根本没兴趣。对我来说，这是吸收创意的黄金法则，但郁闷的是，它经常被打破。

我见过一个成功的提议方案，那时 E-MAIL 时代还没到来。在 BBC 的每一间录音工作室中都有一本意见簿，使用者可以评价任何设备，提出任何改进建议。簿上写满了评论，原因是他们有个反馈制度：对每一个意见或建议，他们都要在 24 小时内给予书面回应，哪怕只是“谢谢，这个好复杂。我们正在研究。”人们都会觉得自己的想法受到重视，因此会继续提出建议。

如果你无法对每个主意做出回应，至少让人们知道你可以处理多少回馈。我曾工作过的一家公司有一个自主意见箱，是供员工用的。设立时公司曾承诺说箱子里的每一条想法都会被CEO读到，即便提议的人是匿名的。对于想要回应的人，公司还有更为正式的建议机制。不过，这个自主意见箱和正式机制一样受欢迎。

"从好建议中获益要求的智慧比提出想法时更多。"

——威尔逊•米茨纳（Wilson Mizner，剧作家，1876—1933）

## 团队思考的危险因素

如果要和一大群朋友商量一起到哪里去吃饭，你知道，这样的讨论简直是噩梦。这种情况下，就要把众人分成小组，保证愿意发言的人都有机会表达意见。

任何团队都可能会出现同样的问题，大至正式的工作会议，小到家庭讨论。每个人都有想法，同时会有两三个人一起说话，有些估计没在听，多数人又希望别人出来做决定。通常这样造成的结果就是大家都勉强接受一些保险却无聊的提议，因为没人想扫兴。

一大群人中，两三人往往控制了几乎整个谈话过程，其余人保持沉默，因为他们在大众前发言会紧张，或只听着别人在讨论而自己压根就没机会插嘴。

### 让提议变得自如

把大组分成小组，甚至是两人一组。一分钟内 5 对儿搭档想出的主意要比一个十人组想出的多得多。此外，大家都会觉得，和一个人说想法要比对十个人说容易，而且其他组也在同时想主意，这会形成一种竞争的激励。

如果你是团队讨论组织者，那就不妨试试这些鼓励每个人贡献创意的技巧。随着想法的纷纷涌现，应该很快就有充满活力的嗡嗡讨论声四起。

讨论开始前要打破冷场，让人们放轻松。比如，你可以问每个人一个简单宽泛的问题，像“你上周做过最有趣的事是什么？”或“你最希望通过这次讨论得到什么？”来鼓励人们参与到讨论中去。

为使讨论顺利进行，你可以用一个非常差的主意作为开头，并向大家承认这个有点儿挫！这么做，就传递出什么主意都行的信息，不管多弱多“二”都是可以提出来的。这样，别人就更有信心说出自己的想法。

允许匿名。不是每个人都愿意被关注或希望给自己的主意署名，尤其当这个主意有争议时更甚。不要让人们大声说出自己的想法，可让大家写在纸条上，然后收起来，或者每人发几张 Post-It® 便签纸，让他们写好后自己粘到墙上。

若要人们把想法讲出来，不要组织成自由发言的形式，而要邀请每个人或每一对轮流发表意见。绝不要认为一个人没说话，就代表他没什么可说的。但是，如果有人真觉得没什么要说的，那也没关系。

“一个新的想法是非常脆弱的，它可能被一声耻笑或一个呵欠扼杀，也可能被一句嘲讽刺中身亡，或者因某位权威人士皱一下眉便郁郁而终。”

——查尔斯·布劳尔（Charles Brower，美国探险家，1863–1945）

## 头脑风暴要遵循的四大原则

激发点子的一个最有力工具就是头脑风暴了，这是一种意在将创新思维最大化的方法。

人们在需要出点子的任何场合中都会用到头脑风暴这种方式。不过，真正的头脑风暴要遵循四大原则，这是由广告主管阿历克斯•奥斯本（Alex Osborn）于20世纪30年代提出的，他将头脑风暴成功地运用于他自己的公司中：

· 不批判

在想法生成阶段，所有的想法都会被记录。不允许有负面评论，也不拒绝任何一个想法。

· 数量，而非质量

要以100个参差不齐的想法为目标，而不是10个精良的，其原理如奥斯本所述："剔掉一个疯主意比想出一个新的要容易。"

· 随心所欲

一旦开始进行，就应该允许讨论任意发展。

· 构建

成功的头脑风暴是挑出别人的想法，并在此基础上构建起来的。如果你听到一个想法，回应道："嗯，是的，而且……"就说明你在构建了。

## 头脑风暴的基本架构

任意数量的人都可开展头脑风暴，愿意的话，你也可以自己进行，但总要有个基本架构，否则人们就混乱到不知所措。缺少基本架构最容易出现的问题是：一个人冒出个想法儿，另一个人给否决了，然后会引发激烈的辩论，最后有人站出来问："我们到底要做什么？"

一个简单的架构要遵循 PIE 原则，它可以用在任何创意思考场合，如下页所示。

这个架构分三个阶段，把每个阶段分开，让人们专注于特定的任务。这样，你就可以保证每个人的精力都用来想主意，而不是担心自己的角色是什么。

| | |
|---|---|
| P 指问题（problem） | 开头要统一澄清需要什么样的创意，同时为会议设定规则。<br>不然，每个人都会对该做什么有一套自己的理解。 |
| I 指主意（idea） | 一旦大家统一了要干什么，就该开始“头脑风暴”阶段了：<br>欢迎各种想法，不允许有批判。 |
| E 指评价（evaluation） | 这个阶段就允许进行（建设性）评判了，选出那些最具潜力的主意。 |

“想出一个好主意的最好办法是想一堆主意。”

——莱纳斯·鲍林（Linus Pauling，诺贝尔获奖者，美国量子化学家，1901–1994）

## 口舌之争

许多本意要创新的讨论最终都以谩骂结束——没成为创新的温室，反成了满是吼叫声的疯人院，创意淹没在了喧嚣之中。但是，在局面失控之前，你是可以平息情势的。

争吵怎么产生的？一般情况下，分歧的产生是因为参与者决心要推行自己的想法，而不允许别人插入。他们不只强势地夸耀自己的观点，而且还常常挖苦或藐视别人的想法。原意为激发创意的讨论变成了消灭创意的争吵。除了自我批评，敌对或轻蔑的反应也会让人们在出主意时有所顾虑，也就抹煞了创新的火花。

### 恶性循环是怎么发生的？

下页的图示显示了恶性循环是如何开始的。这一切发生得非常迅速。（这个图也许会让你想起自我强加的焦虑恶性循环，见第 96 页）

贝基（Becky）给安迪（Andy）出了个主意，安迪只看到其不利的一面，所以拒绝了，这让贝基有种被冒犯的感觉。为了挽回面子，贝基就故意在安迪接下来提出的意见中挑毛病，安迪反过来再报复，讨论就演变成了冲突。

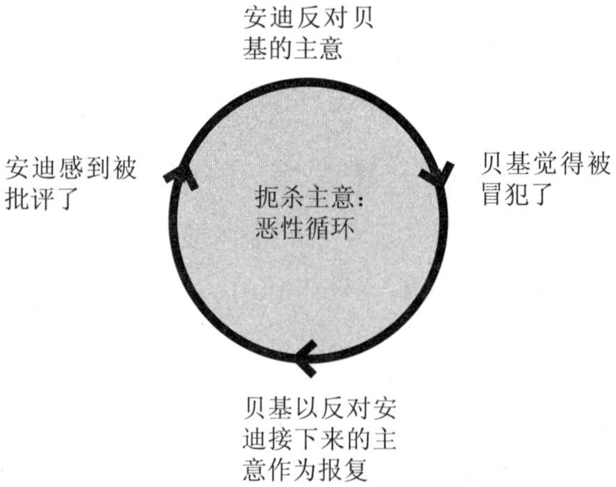


这样的恶性循环经常在对话中出现，不论在家还是在工作场合中。

**把局面拉回轨道**

下次如果你被牵入到一段扼杀主意的对话中时，试试看你能不能打破这种循环。要记住，创意讨论的基本原则之一是要营造一种让每个人都觉得自信和受支持的氛围，而不是被指责和要防御的气氛。

做到这点，最简单方式是强调积极面。只要一有人提出主意，就选出其中的闪光点，进一步扩展，用这样的语言："好主意，你可以这么做……"或"嗯，是的，这个有用，因为……"。(以"嗯，是的，而且……"开头的句子可是鼓励创新思维的有力工具。)

练习多了，你就掌握了把扼杀主意的恶性循环扭转为发展主意的良性循环的本领。秘诀很简单，就是积极响应别人的主意。同样，他们也会倾向于积极评价你的想法。

### 良性循环是怎么形成的？

下页的图表显示了如何形成点子自由涌出的良性循环。注意，从一开始倾听者的反应就是积极的。贝基给安迪出了主意，安迪可能不完全喜欢，但仍旧看到了其中有利的方面。他在那些积极的点上构建起来说："嗯，是的，而且……"贝基被他的回应所鼓舞，就更加容易接受他的主意，给出更积极的评价。现在，两人都有心情想出新的主意和解决方案。

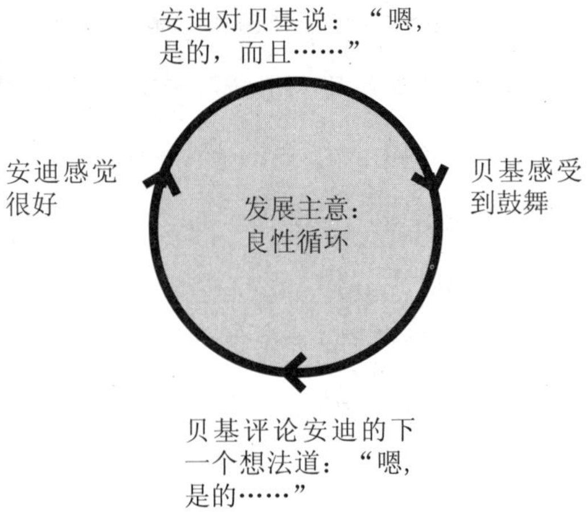


"关于创造力，有一个矛盾的说法：为了有自己的原始思想，我们就必须熟悉别人的思想。"

——乔治•奈勒（George F. Kneller，美国教育哲学家）

## 要建议，不要主张

讨论出现紧张情势时，表达想法的方式会造成两种完全不同的结果：建造桥梁或敌对互斥。如果你指挥别人做什么，就有可能把他们推向防御状态。但是，如果你以建议的方式提出想法，就会给别人留出加入自己观点的余地。

心理学家发现，通常一个主意表达得越断然，听者抵触的可能性就越大。彼得•哈尼（Peter Honey）在他的《改进你的人际交往能力》（Improve Your People Skills）一书中描述了一个试验，其中人们有两种表达想法的方式：

· 主张（想法以陈述句的方式表达出来，如“你应该做的是……”）

· 建议（想法以疑问句或祈使句表达出来，如“我在想是否可以……？”）

观察整个讨论，看接收想法的人们对提出的想法有何反应。

结果很明显：当一个想法被主张时，几乎有一半的听者持怀疑态度并表达了接受的困难，而同样的想法改用建议的口气表达出来时，只有五分之一的听者表示接受有困难。更为温和的表达方式几乎将支持的听众数翻了一倍，将否定的人数减少了一半。

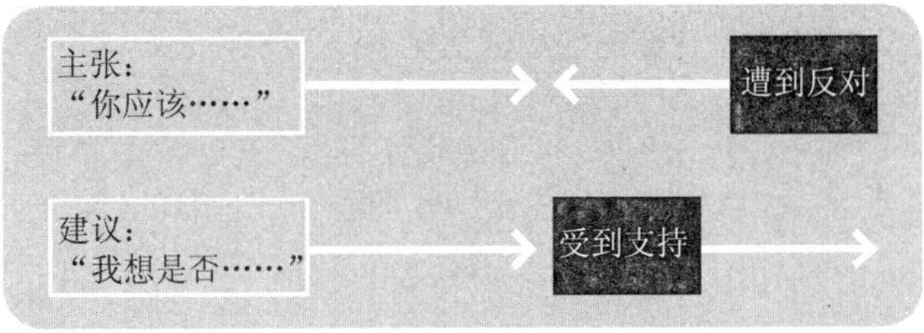


**选择合适的词语**

如上图所示，以商量的口吻提出的想法就比强势提出的更容易被接受。听听自己及别人讨论时的口气及用语，看人们会如何回应。

当你和一个本来就被动的人讨论时，用这些词句就更要小心：

· “你要做的是……”

· “我认为你应该……”

· “最好的办法是……”

- “如果我是你，那我会……”

最好用建议的形式提出自己的观点。可能的话，去掉“你”的字眼，不出现第二人称会更客观些，如下：

- “我在想是否可以……”
- “有没有人想过……”
- “我觉得不该……”
- “如果……会怎么样？”

“挖掘新思想比摒弃旧观念更加困难。”

——约翰•梅纳德•凯恩斯（John Maynard Keynes，英国经济学家，1883–1946）

## 拒绝要慎重

我在前面提到过，多数人都更注意别人想法里的短处，而非长处。气氛紧张时，这种批判的态度只会让情况更糟。要给局势降温，要从找出想法中的三个长处开始。

拒绝新想法是正常的反应——当事情极易触及内心时更为严重。不幸的是，这么做以后，你发出的信号是不愿接受改变。你不只关闭了探索的大门，而且还踩踏了别人的自我。

没人喜欢自己的想法被贬低，所以被拒绝的人很可能会防守反击，特别是当他们很在乎事情本身时。你的拒绝会演变成一种“扼杀主意”的争吵，如第 185 页所述。为防止这种情况出现，先深呼吸，平静下来，从新想法中发现长处。

要是你觉得有人出的主意不友好，在开口说出负面评论之前，努力找出三个积极面，并就此展开讨论。如果你的积极评论超过了负面感觉，那个人就会觉得你公平对待了他的观点，因而颇受鼓舞，更容易接受你所说的内容。

### 实战演习

你可能会觉得找一个积极面容易，但找第二个和第三个就会难很多。一段包含三个长处的对话可能会像这样：

A.

“你应该做的是……”

B.

（暗暗咬舌头）

“这个建议中我喜欢的是……

它能……

还能……

而且另外一个优点是……

但是，没有……就不好办了……”

这的确会把全部压力都施加到 B 身上。要如此建设性地评价 A 的主意，尤其当它暗示着对 B 已经做过的事有所否定时，就需要 B 有宽阔的肩膀和胸膛了。但 B 先给出三个积极点后再建设性地批判，就不会惹恼 A。这种方法也可能会激发出一个两人都喜欢的折衷想法。

### 婚礼策划

这里有一段关于婚礼策划的交流，这可是有名的高敏感度事件。

女儿：

“我们要想出婚礼的计划。”

妈妈：

“我认为你应该在家庭教会中举办，这是邀请所有亲友的完美选址。”

女儿：

（脑子里已想好在城外举办一个小型仪式）

“嗯，这个主意不错，其中我喜欢的是：

教会是个把婚礼办得神圣的好地方。

我的确想让亲密的家人聚在一起。

而且举办地对我们如此有意义。”

此后，她开始发表保留意见：“但是，我和彼得两个都不太想要传统的宗教服务，我们愿意在一个对我俩都有神圣意义的地方办。”

此时，家庭教会的主意已被回绝，但至少女儿阐明了她要找什么样的地方。想想妈妈主意里好的方面，她可以找到一些切入点，而且，讨论公平的本质也会让妈妈对最终结果响应得更为积极，因为她的感情也被考虑到了。

"对他人的意见要尊重。千万别说：'你错了！'"

——戴尔·卡耐基（Dale Carnegie，美国人际关系学大师，1888—1955）

## 寻找第三方案

成功谈判的精髓在于达成一个人人都能接受的方案。如果你能以折衷办法做到这点，那很好。但是，有时折衷办法并不能让每个人都热情起来。那样的话，就得想出一个对每个人都有吸引力的新办法了。

当外国领导人会晤，就保护地球或反战交换意见时，外交手段在他们的讨论中占很重要的分量。在那些由两个在政策取向上有重大不同的国家联合举办的新闻发布会上，你会发现两国领导或发言人对两国共同点总是特别强调。

寻求人与人之间的共同点对个人来说，有着和在国际政治中一样的重要性。不管你是与前配偶争论让孩子在哪里就读，还是决定一个穆斯林和一个基督徒的婚礼仪式在哪里举办，求同的这个目标都非常必要。

这些情形中，生成新主意的办法之一是要以澄清和协商目标开始：你们都要实现的是什么？对每个人最重要的事分别是什么？一旦有了讨论的框架，你便可以想出能满足目标的主意。

**非黑，非白，而是黄**

当然，你们想出来的折衷办法很可能无法满足任何一方。（实际上，“折衷”的一个冷嘲式定义为“两个傻瓜的停火”。）如果你觉得一个人的主意为“黑”，另一个为“白”，那你们可能想象出一个“灰”的折衷主意，但也可能会找到一个能让双方都兴奋的创新方案——新主意为“黄”。

牵涉感情时，“黑白思维”尤为危险。如，一对离婚的夫妻会发现自己正处于下表所列的混乱中，那你们可以运用第 3 章提到的一些横向思维技巧来找到一种“黄”的状态，先判断真正的问题是什么，然后跳过被卡住的区域。

| | |
|---|---|
| 爸爸的观点（黑） | “孩子们所有周末都应该和我一起过！” |
| 妈妈的观点（白） | “孩子们所有周末都应该和我一起过！” |
| 折衷（灰） | “让孩子们隔周分别陪父母。” |
| 真正的问题 | 父母都想和孩子们一起做共同感兴趣的事（足球、芭蕾）。 |
| 创新方案（黄） | 听听孩子的意愿！每个学期开始前做一个时间表，根据他们想要参加的活动来安排。 |

“如果你不能战胜对手，就加入到他们中间去。”

——佚名

## 许多真理性的语言是在玩笑中诞生的

幽默是推出一个观点并说服大家都接受的最有效手段之一。幽默会让人心情开朗起来，缓解保护自己观点或感觉的压力。而且，如第 9 页所说，笑声——“哈哈！”也是创新的主要激发元素之一。

有些最真诚的观点只能用趣味的事情表现出来。这是中世纪宫廷小丑的一个重要作用：低位地下的小丑能说出高等身份者所无法容忍的真理。

因为害羞而无法在正式场合表达自己观点的人们通常在轻松心态下会更容易说出来。不过，要确保人们是因好笑而笑，而不是在嘲笑。如果有人发现某个人被嘲弄，那他们可能会迟迟不愿发言，甚至干脆闭嘴了。

运用幽默来推广一个信息的方式有很多。下面举出一小部分：

### 颠倒顺序

颠倒想法的方式有助于新灵感的闪现，同样也可以推进关于敏感话题的轻松（但有时会激烈）讨论。

### 烂主意

如在第180页所见，如果你想要人们对自己的想法有信心，那一个烂主意或蠢主意都会有用的。不妨让听众们在那基础上发展出一个更为疯狂或更馊的主意——在欢笑声中，他们或许就会想出绝妙的东西。

### “反面”游戏

“反面”游戏在工作中有独特功效。比如，基层员工普遍抱怨需要“更好的交流”。如果你去问“我们怎么实现更好的交流？”，很可能会换来黑脸或沉默。你可以用它做游戏：“如何让交流尽量糟糕？”这无疑会引发笑声，尤其在那些交流实在太差的组里，但人们却有机会以安全方式讲述自己真实的顾虑。

### 角色扮演

角色扮演是表达观点的又一“利器”。如果不是“你”本人说的，阐明有顾虑的想法就更容易。这招对我女儿特别管用：同样的话，当我通过布袋娃娃贝蒂（Bertie）对着三岁的女儿说时，她就会听，而我自己讲出来就没那么有效了。

我让她吃完自己的菜，她理都不理，但贝蒂说的，她就会妥协，或至少说出个不吃的理由。在成人面前用布袋娃娃，估计不太好使，但其他能给对话带来欢笑的东西会让意见交换变得容易许多。

“如果你想要告诉人们真相，那最好是逗他们笑，否则他们会杀了你的。”

——乔治•萧伯纳（George Bernard Shaw，英国剧作家，1856–1950）

## 测试题：你的沟通能力有多强?

要想在团队讨论中取得预期的效果，你既要提高理解能力，在第一时间准确领会他人的意思，又要提高表达能力，让别人理解你的意思，并且妥善处理好你与他人意见上的分歧，这对你的沟通能力是一项严峻的考验。通过本测试，你会了解自己的沟通能力究竟有多强。

【测试题目】

请你从自己的实际情况出发，回答以下问题:

1. 你由衷地相信沟通在团队合作中有非常重要的作用吗?

2. 在日常生活中，你会积极寻求沟通的机会吗?

3. 当你站在演讲台上时，能克服紧张，很清晰地表达自己的观点吗?

4. 在会议中，你善于抓住机会，发表自己的意见吗?

5. 你擅长运用表情或肢体语言来表达你的意思吗?

6. 你能用简单的语言清楚地传达出复杂的意思吗?

7. 你能影响别人接受你的观点吗?

8. 你觉得你与他人的绝大多数沟通都是成功的吗?

9. 与别人交谈时，你能注意到对方的话里所包含的情绪吗？

10. 你能积极引导他人把想法表达出来吗？

11. 在他人与你意见不一致时，你是否能耐心倾听，甚至最终采纳他人的意见？

12. 你喜欢与你的上司一起进餐吗？

计分方法：

以上问题，回答“是”得 1 分，回答“否”不得分。

【测试结果】

9~12 分：你的口头表达能力极强，说话简明扼要，且极具感染力；容易理解他人的意思，也能让对方接受你的观点，是真正的沟通高手。

5~8 分：你的沟通能力中等，有时发挥不太稳定，容易引起沟通障碍，要变成沟通达人还得继续努力哦。

1~4 分：你的沟通能力不强，想要表达的意思常常被人误解，也常常不明白别人的意思，甚至无意中会对别人产生伤害。你该好好培养自己的沟通能力了。

**没油笔的 101 个用途：**

吹管、针类收纳器、威士忌测量标、笔模型、羽管笔、温度计外壳、播种挖洞器、痒痒挠、牙签、穿孔修理工具、键盘清洁器、吸管、哨子、弹弓、门楔、舞台剧道具、梳子、搅拌棒、戒指套、细绳一端的把手、沿着线绳滑动的部件、螺丝刀、打碎器、绝缘体、指挥棒、钓鱼竿、鼓槌、支起窗户的楔子、甜玉米签、细画笔柄、打孔器、弹簧（用柔韧的笔芯）、碎酥皮的滚子……

请记住，无论遇到什么挑战，你总有一大堆想法可以借鉴。一旦意识到这点，你就已经向释放创造力前进了一大步。

# 第七章

# 将创意付诸实践

硬币该怎么排列？

设置截止日期

颓废是由什么引发的？

做最坏的打算

创新十字箴言

测试题：你是空想家还是行动派？

## 硬币该怎么排列?

这是一个由 10 枚硬币组成的等边三角形，从上至下依次排列为 4、3、2、1，现在只能移动其中的 3 枚硬币，使其变为一个依次为 1、2、3、4 的三角形。应该怎么移动呢?

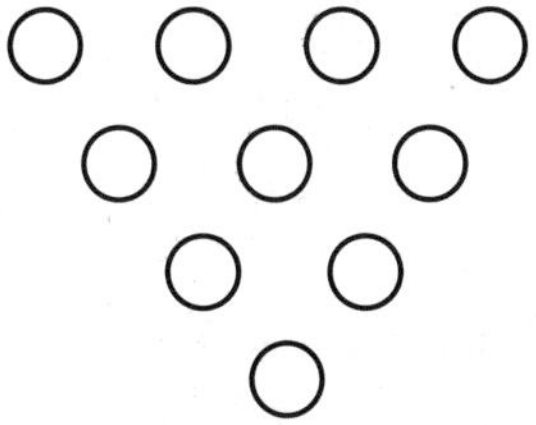

有主意是一回事，但只要还没成型，创新思维仍旧只是令人兴奋的想法，而改变不了任何事情。一旦你产生想法，并想通了，那就要行动了。

新项目的开展挺恐怖的。你可能会因快到截止日期而有压力，也可能开头不错，但中间动力不足，最终半途而废。本章就会讨论如何直面这些恐惧并克服它们。本章结尾的十字箴言会让你更有创意。用这些箴言，你可立即开启创新生活。

## 设置截止日期

平时时间那么紧，如果没有个具体时间限制，创新计划就会不断被搁置或进展缓慢，几周变成几个月，然后成了几年。没有比截止期限更好的让精力集中的武器了。如果把截止期限看作是挑战而非困难，就会对实现目标大有助益。

有时候，压力的确有可能阻挠创新思考：压力太大，你就会因恐慌而头脑空白，但更常见的是，截止期限能推动“创新之汁”不断流淌。到了必须要发布成果时，你别无选择，只能放弃一些不成熟的想法而继续下去。要是没有时间限制，你可能会想出一百多个理由来解释为什么这个主意行不通。试试下面这几个窍门，它们可以帮你定准目标并坚持下去：

### 自己设置截止日期

如果你的项目没有明确的截止期限，那自己设一个。项目很大的话，把它划分成一系列不同阶段。每一阶段完成后，你可以轻松轻松，然后回想完成得怎么样，并思考下一步怎么办。

### 向别人承诺你会完成

如果想要确保完成任务，最好的刺激莫过于向别人保证了。如果你自愿为本地戏剧团的下部作品设计布景，那没的选择，你必须要在某个日期前交付计划。不说别的，光是到处张贴的海报就能时刻提醒你最后期限的到来。要是你自己的事情，倒也不至于在公共场合贴通知这么严重，但你也应该让自己置身于一个“要是食言了起码会丢脸”的情境下。

### 让自己进入备战状态

我在准备一个演讲时，设计了很特别的开场：我让一个朋友站在台上假装是我，然后我扮演成观众中的一员，突然冒出来打断讲话。就在要开始的那段时间，我临阵退缩了。我想平常的演讲就可以了，至少风险小很多。但是，我已经告诉了几位倍受尊敬的同事我会来这么一个噱头。那时，不在他们面前丢脸成了唯一激励着我进行下去的动力。事后（演讲的反响很热烈哦），我很高兴度过了那段犹豫期。

### 不断提醒自己

另一种督促自己创新的方式是在显眼的地点挂一个牌子，让自己每天都能看到。那个牌子上应该大大地写出：

你想要实现的目标

为什么要实现

无论何时，感觉自己停滞不前或要偏离轨道时，这个标牌会提醒你目标为什么如此重要。

“智慧只是理论而不付诸实践，就如一朵重瓣的玫瑰，虽然花色艳丽，香味馥郁，凋谢了却没有种子。”

——亚瑟•叔本华（Arthur Schopenhauer，德国哲学家，1788–1860）

## 颓废是由什么引发的?

我曾经遇到过一位设计了许多世界著名体育场馆的建筑师。他发现一个项目中最容易的部分是开头和结尾，中途的时候，他会遭遇“半途颓废”状态。这在创意领域中是常事儿。怎么克服呢?

在项目伊始，你可能会感觉一切皆有可能：做完全不同的新鲜事儿，加上毫无约束的创作的刺激，一定会充满各种兴奋。结尾的时候呢，就是满足的成就感。对我这位建筑师朋友来说，最让他开心的就是建筑完工后的揭幕仪式、新闻报道的光环和成功克服重重困难的自豪感。但是，如下页图表所示，难的是要让自己在不断消磨的过程中也保持住状态。

开头的兴奋和结束后的快感，在中途或面临无法克服的困难时，看来都遥不可及。这些时刻，人常常会这么想：

- “我为什么要做这个？”
- “我们是不到了死胡同了？”
- “我这主意到底好不好？”
- “我是进行不下去了。”

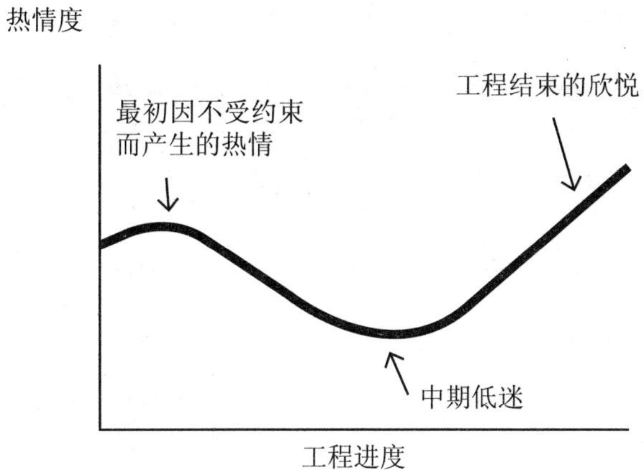


**渡过低迷期**

如果进行不下去，事业会受威胁，那压力通常足以让你挺过低迷期。但是，如果除了没面子，你不会有别的损失，那自我怀疑时期一定会非常危险。

要是你遭遇“半途颓废”，可以参考以下几个提示，敦促自己前进：

- 记住：每个人都会经历这个时期。
- 休息一下，让自己的头脑清新起来。
- 提醒自己当初是为什么开始这个挑战的——对你重要的是什么、你想到的困难会是什么和为什么这个会关系重大。

· 想更多的主意，重新整理思绪。再来一轮头脑风暴（见第 182 页）真的会管用，哪怕是完全不相关的主题，也能让你感觉良好。

“采用大自然的步速：她的秘密在于耐心。”

——拉尔夫•瓦尔多•爱默生（Ralph Waldo Emerson，美国文学家，1803—1882）

## 做最坏的打算

“要是出问题怎么办？”预料到失败有时足以让你停止前进。其实每个人都会面临这样黯淡的时刻：一个想法的所有缺陷都跳出来，优点全部消失。现在就做好最坏的打算，如果有意外发生，你也好有个应对。

### 看到潜在问题

最坏的结果会是什么？被取笑？赔钱？把所有可能出现的问题都摆出来，就可以因事而计，思考如何将影响减至最小。如果你无法承担放弃工作开始新冒险的风险，那可不可以利用业余时间或休假时再开始呢？可以申请“暂停”吗？准备个计划 B 也是不错的，见第 159 页。

### 想想好处

回想一下已经冒的风险：你愿意冒这个险吗？后悔了吗？有没有一些风险是你没冒但希望去冒的？

我有个朋友的座右铭是：“我从不会因冒险而后悔。”或许这个也适用于你，一些你已经冒过的险或许也丰富了你的生活。如果真是这样，那就运用过去的经验来强化迎接下个风险的决心吧。

“没有已经完成的事。世界上的一切事情都待完成：最美丽的画儿还没有画，最伟大的剧本还没有写，最优美的诗歌还未创作。”

——林肯·斯蒂芬斯（Lincoln Steffens，美国记者，1866–1936）

## 创新十字箴言

创新思考者有许多不同类型，但他们基本属于以下五类：孩子般的思考者、问题解决者、梦想家、建造者和幻想工程师。你可以从每一类的角度出发来激发创造力。

每类创新思考者应对生活的方式都可以用两个字来总结，如下表：

| 种类 | 特质 | 词语 |
| --- | --- | --- |
| 孩子般的思考者 | 爱探索的好奇心和信心 | “何不？” |
| 问题解决者 | 把每个挫折或障碍都当成问题去解决 | “如何……” |
| 梦想家 | 追求可能而非现实 | “希望……” |
| 建造者 | 支持别人的主意，并知道如何进一步扩展 | “对，且……” |
| 幻想工程师 | 总是想别人想不到的，探索未知事物 | “如果……” |

你可以从所有这些方法中受益，只要把这些字眼用于日常生活中，现在开始吧。在你几乎都还没意识到时，你就会用创新思维者的态度来思考了。就这么简单。

“当我们不再试图遵循自己和别人的模式，学会做自己，挖掘自己的天赋时，我们就会发现属于自己才能的本质。”

——莎克蒂•高文（Shakti Gawain，美国畅销书作家）

## 测试题：你是空想家还是行动派？

人生如果没有梦想，可能会活得非常普通，但如果整日躺在自己的幻想中夸夸其谈，眼高手低，那么实现梦想的勇气也将随着时光的流逝而从指缝间悄悄溜走，整个人生也将随之陷入困境。目前，你是否停滞在空想之中？还是能像行动派那样，让梦想照进现实？让我们一起进入下面的测试吧！

1. 一旦无所事事，你就会感觉无比厌烦？

A. 经常 B. 偶尔 C. 从不

2. 你不愿与现实中的朋友联系，却喜欢在网络上交朋友？

A. 从不 B. 偶尔 C. 经常

3. 遇到难题时，你会直接选择着手解决，而不是追问“为什么”。

A. 经常 B. 偶尔 C. 从不

4. 即便休息，你也从不睡懒觉，而是早早起床。

A. 经常 B. 偶尔 C. 从不

5. 经常有人抱怨你做事太慢，把大量时间浪费在了思考上面。

A. 经常 B. 偶尔 C. 从不

6. 对于内心的想法，你总会毫不遮掩地表达出来?

A. 经常 B. 偶尔 C. 从不

7. 你在舞会上落单时，总会到处走动，与人搭讪?

A. 经常 B. 偶尔 C. 从不

8. 你喜欢自己策划活动，然后组织别人去做。

A. 经常 B. 偶尔 C. 从不

9. 工作当中，你从不愿意比别人多干活。

A. 经常 B. 偶尔 C. 从不

10. 你非常认可“心动不如行动”“计划赶不上变化快”这两句话。

A. 经常 B. 偶尔 C. 从不

11. 你从不轻易做出承诺，而一旦承诺了就必定做到。

A. 经常 B. 偶尔 C. 从不

12. 有三家公司供你挑选，你会选择——

A. 薪水不高，但很有潜力的公司

B. 薪水很高但不会提拔的公司

C. 从最底层做起的知名大公司

13. 在度假时，你总喜欢追求刺激而非悠闲?

A. 经常 B. 偶尔 C. 从不

14. 你喜欢参与任何事情，不喜欢自己成为旁观者?

A. 经常 B. 偶尔 C. 从不

15. 在电梯处有人排队时，你会选择爬楼梯?

A. 经常 B. 偶尔 C. 从不

16. 你从来都不想与人漫无目的地聊天?

A. 经常 B. 偶尔 C. 从不

17. 当你赶到电梯前，电梯刚好上楼去了，你会选择——

A. 重复地按电梯按钮

B. 紧紧盯着显示电梯位置的灯号

C. 低着头，无意识地看着地板

18. 你在变换工作或岗位的之前和之后，总会前思后想。

A. 经常 B. 偶尔 C. 从不

19. 你对新生事物非常热心，总喜欢亲自尝试?

A. 经常 B. 偶尔 C. 从不

20. 你总喜欢臆想一些类似“究竟人来自何处和为什么”的问题?

A. 经常 B. 偶尔 C. 从不

【计分方法】

选 A 得 5 分，选 B 得 3 分，选 C 得 1 分。选择后将每题的分数相加，再比对最后的结果。

【测试结果】

80 分以上：你是一位行动者和实干家。你喜欢忙碌的生活，厌恶只说不做。在别人眼中，你是个勤奋、进取的人。你总是主动参与各种事情，总把自己的计划排得满满的，平庸和悠闲对你来说完全是一种煎熬，所以，成功对你仅仅只是时间问题而已。不过你也要学会适当地放松自己，以便提高工作效率。

60~79 分：你是介于行动者和思想者之间的人。在忙碌工作的同时，又善于停下来思考问题，所以，你的工作效率很高。对你这种工作休闲两不耽误的人来说，比较容易适应各种环境。

59 分以下：你的务实性较差，总把大量的时间花费在空想方面。你厌恶过于复杂的事情，喜欢过平平淡淡的生活。虽然大量的思考也会让你经常想出一些好的主意，但也往往让人产生一种不努力工作的印象。因此，你应注意缩短空想时间，更多地增加实践机会。

**答案：**

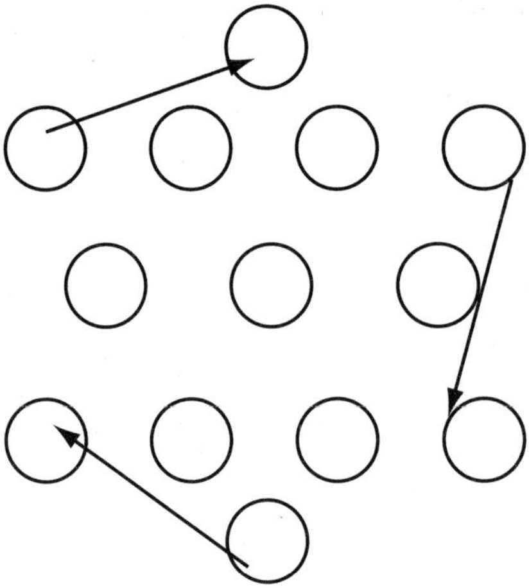

**图书在版编目（C I P）数据**

史上最强脑力操 . 2, 让人惊呼神奇的创意课 / ( 英 ) 伊斯特维 (Eastaway,R.) 著 ; 苏姗 , 李娟译 . -- 北京 : 新世界出版社 , 2012.4

（史上最强脑力操 ; 2）

ISBN 978-7-5104-2463-2

Ⅰ . ①史 … Ⅱ . ①伊 … ②苏 … ③李 … Ⅲ . ①创造能力－通俗读物 Ⅳ . ① G305-49

中国版本图书馆 CIP 数据核字 (2011) 第 275406 号

北京版权保护中心外国图书合同登记号：01-2011-3473(II)


**史上最强脑力操 2：让人惊呼神奇的创意课**

---

出版策划：北京阳光博客文化艺术有限公司
作　　者：〔英〕罗勃·伊斯特维（Rob Eastaway）
译　　者：苏　姗 李　娟
责任编辑：刘　媛
校　　对：贾毓婷
责任印制：李一鸣　刘社涛
出版发行：新世界出版社
社　　址：北京西城区百万庄大街 24 号（100037）
发 行 部：（010）6899 5968　（010）6899 8733（传真）
总 编 室：（010）6899 5424　（010）6832 6679（传真）
http://www.nwp.cn
http://www.newworld-press.com
版 权 部：+8610 6899 6306
版权部电子信箱：frank@nwp.com.cn
印　　刷：大厂回族自治县彩虹印刷有限公司
经　　销：新华书店
开　　本：880×1230 1/32
字　　数：100 千字　印张：7.5
版　　次：2012 年 4 月第 1 版　2012 年 4 月第 1 次印刷
书　　号：ISBN 978-7-5104-2463-2
定　　价：25.00 元

---